第3章
使用分层图像

第3章
使用分层图像

第3章
设置图层的不透明度和混合选项

第3章
使用图层效果和样式

第3章
蒙版图层的应用

第3章
创建剪贴组

第4章
将蒙版存储到Alpha通道中

第4章
创建与修改专色通道

第4章
管理通道

第5章
动作的概念及预设动作的使用

第5章
创建新动作和回放选项的设置

第6章
使用滤镜的注意事项和步骤

第6章
[滤镜库]和[液化]滤镜的使用

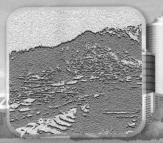

第6章
[素描]滤镜的使用

第6章
[纹理]滤镜的使用

第6章
[渲染]滤镜的使用

本书精彩案例

第6章
[液化]滤镜的使用

第6章
[艺术效果]滤镜的使用

第6章
[杂色]滤镜的使用

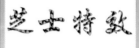

第7章
芝士特效文字效果

第7章
芝士特效文字效果练习

第7章
插针文字特效

第7章
插针文字特效练习

第7章
波浪文字效果

第7章
波浪文字效果练习

第7章
发光文字特效

第7章
发光文字特效练习

第7章
马赛克文字特效

第7章
马赛克文字特效练习

第7章
描边文字效果

第7章
描边文字效果练习

第7章
撕纸文字效果

第7章
撕纸文字效果练习

第7章
玻璃文字效果

第7章
玻璃文字效果练习

第8章
夕阳效果

第8章
夕阳效果练习

第8章
钢笔淡彩效果

第8章
钢笔淡彩效果练习

第8章
油画效果

第8章
油画效果练习

第8章
木刻画效果

第8章
木刻画效果练习

第8章
爆炸效果

第8章
爆炸效果练习

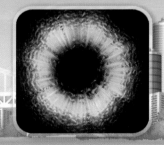

第8章
天体爆炸效果

第8章
天体爆炸效果练习

第8章
炫目的光效果

本书精彩案例

第8章
炫目的光效果

第8章
导航按钮

第9章
绘制中国美女

第9章
绘制中国美女练习

第9章
制作邮票效果

第9章
制作邮票效果练习

第9章
制作播放器

第9章
制作播放器练习

第9章
制作酒瓶效果

第9章
制作酒瓶效果练习

21 世纪全国高职高专计算机案例型规划教材

Photoshop CS4 案例教程(第 2 版)

主　编　张珈瑞　伍福军
副主编　熊赣金　卿　娟　张巧玲
主　审　张喜生

北京大学出版社
PEKING UNIVERSITY PRESS

内 容 简 介

本书是根据编者多年的教学经验和学生对实际操作感兴趣这一实际情况而编写的，精心挑选了 60 多个案例进行讲解，再通过与这些案例配套的练习来巩固所学内容。本书采用实际与理论相结合的方法编写，学生可以在设计过程中学习理论，反过来理论又可为实际操作奠定基础，使学生每做完一个案例就会有一种成就感，这样可大大提高学生的学习兴趣。

本书分为 Photoshop CS4 的基础知识、工具的操作及应用、图层与蒙版、通道、任务自动化、滤镜、制作文字特效案例、制作特殊效果案例和综合案例 9 章内容。前 6 章通过 43 个案例全面讲解了 Photoshop CS4 的相关知识，后 3 章主要通过 20 个经典的案例对 Photoshop CS4 的相关知识进行全面巩固和应用。编者将 Photoshop CS4 的基本功能和新功能融入实例的讲解过程中，使读者可以边学边练，既能掌握软件功能，又能快速进入案例操作过程。

本书内容实用，可作为高职高专及中等职业院校计算机专业教材，也可以作为网页图形处理与图形设计爱好者的参考用书。

图书在版编目(CIP)数据

Photoshop CS4 案例教程/张珈瑞，伍福军主编. —2 版. —北京：北京大学出版社，2010.7
(21 世纪全国高职高专计算机案例型规划教材)
ISBN 978-7-301-17535-4

Ⅰ. ①P… Ⅱ. ①张…②伍… Ⅲ. ①图形软件，Photoshop CS4—高等学校：技术学校—教材
Ⅳ. ①TP391.41

中国版本图书馆 CIP 数据核字(2010)第 135006 号

书　　　　名：	Photoshop CS4 案例教程(第 2 版)
著作责任者：	张珈瑞　伍福军　主编
责 任 编 辑：	郭穗娟
标 准 书 号：	ISBN 978-7-301-17535-4/TP · 1119
出 版 者：	北京大学出版社
地　　　　址：	北京市海淀区成府路 205 号　100871
网　　　　址：	http://www.pup.cn　http://www.pup6.com
电　　　　话：	邮购部 62752015　发行部 62750672　编辑部 62750667　出版部 62754962
电 子 邮 箱：	pup_6@163.com
印 刷 者：	北京鑫海金澳胶印有限公司
发 行 者：	北京大学出版社
经 销 者：	新华书店
	787mm×1092mm　16 开本　17.25 印张　彩插 2　399 千字
	2008 年 8 月第 1 版　2010 年 7 月第 2 版　2010 年 7 月第 1 次印刷
定　　　　价：	32.00 元

前　言

　　本书是根据编者多年的教学经验和对高职高专、中等职业学校及技工学校学生实际情况(强调学生的动手能力)的了解编写的，精心挑选了 60 多个案例进行详细讲解，再通过这些案例的配套练习来巩固所学内容。本书采用实际操作与理论分析相结合的方法，让学生在案例制作过程中学习、体会理论知识，同时扎实的理论知识又为实际操作奠定坚实的基础，使学生每做完一个案例就会有一种成就感，这样大大提高了学生的学习兴趣。

　　本书内容分 Photoshop CS4 的基础知识、工具的操作及应用、图层与蒙版、通道、任务自动化、滤镜、制作文字特效案例、制作特殊效果案例和综合案例 9 章内容。编者将 Photoshop CS4 的基本功能和新功能融入实例的讲解过程中，使读者可以边学边练，既能掌握软件功能，又能快速进入案例操作过程。本书内容丰富，可以作为平面设计者与爱好者及学生的工具书，通过本书可随时翻阅、查找需要的效果、基础知识介绍和制作内容。本书的每一章都有学时供教师教学和学生自学时参考，同时配有每一章的案例效果和图片素材，可在配套光盘的相应章节中找到。

　　参与本书编写工作的有张珈瑞、伍福军、熊赣金、卿娟、张巧玲，张喜生担任本书主审，在此表示感谢！

　　本书不仅适用于高职高专及中等职业院校学生，也适于作为短期培训和技能竞赛培训的案例教程，对于初学者和自学者尤为适合。

　　由于编者水平有限，定然存在疏漏，敬请广大读者批评指正。联系电子邮箱：025520_ling@163.com。

编　者
2010 年 5 月

前　言

目　　录

第1章 Photoshop CS4 基础知识

> **知识点:**

案例一: Photoshop CS4 的启动、界面和图像基础知识

案例二: 文件操作

案例三: 主菜单与工具箱

案例四: 控制面板和 Adobe 拾色器

案例五: 网格、标尺与参考线

> **说明:**

本章是对 Photoshop CS4 一个总的介绍,通过学习本章读者要学会对 Photoshop CS4 的文件操作,学会使用网格、标尺与参考线,其他知识点只作了解即可。

> **教学建议课时数:**

一般情况下需 4 课时,其中理论 2 课时、实际操作 2 课时(根据特殊情况可作相应调整)。

Photoshop CS4 是 Adobe 公司推出的最新的专业图像处理软件,它以功能强大和简单易用著称,是全球图像平面处理行业的标准。它为设计者提供了位图图形、矢量图形,文字编辑,文字特效制作,滤镜特效,图像处理,绘画,网页设计,网站,动画制作和简单 3D效果制作等多种功能,大大提高了专业人员的工作效率。无论是创作、绘画、印刷、网站设计还是跨媒体的作品,Photoshop CS4 都以其强大的功能给艺术家们提供了更大的创作空间。又由于它所具有的性能稳定性,使得利用它 Photoshop CS4 可以创作出很多意想不到的特效。

Photoshop CS4 与以前版本相比,主要在用户界面上进行了重新设计,在功能上并没有明显的更新,只是将那些原本常用却相对复杂的操作变得容易,因为 Photoshop 作为业界领先的图像处理软件,在功能上已经逐渐完善,怎样让用户尤其是新手快速掌握软件的使用才是 Adobe 公司开发人员的主要努力方向。

1.1 Photoshop CS4 的启动、界面和图像基础知识

1.1.1 案例效果

本案例的效果图如图 1.1 所示。

图 1.1

1.1.2 案例目的

通过对该案例的学习,读者应了解 Photoshop CS4 的启动和图像基础知识。

1.1.3 案例分析

本案例主要介绍 Photoshop CS4 的启动和图像基础知识,该案例的制作比较简单,大

致是首先介绍 Photoshop CS4 启动的两种方法，然后介绍 Photoshop CS4 的工作界面，最后分别介绍位图图像、矢量图像和 Web 图像的概念、特性和适用范围。

1.1.4　技术实训

1. Photoshop CS4 的启动

(1) 如果桌面上有 Photoshop CS4 的快捷图标，用鼠标直接双击 Photoshop CS4 的快捷图标即可启动。

(2) 如果桌面上没有 Photoshop CS4 的快捷图标，则单击 　开始 → 　程序(P) → Adobe Photoshop CS4 命令，即可启动 Photoshop CS4 软件。

2. Photoshop CS4 的界面

Photoshop CS4 的界面主要包括常用操作命令的快捷图标显示栏、菜单栏、工具选项属性栏、工具箱、图像窗口状态栏、控制面板、最大化及最小化窗口等。Photoshop CS4 的操作界面如图 1.2 所示。

图 1.2

3. 图像基础知识

接下来主要介绍矢量图像、位图图像和 Web 图像的基础知识，了解这些基础知识是学习使用 Photoshop CS4 处理图像的基础。

1) 位图图像

位图图像也称为点阵图，是以点为单位组成的影像，每个点的单位叫"像素"(pixel)。它的最大优点是色彩丰富，可以自由地在各软件中转变，但图像在放大或缩小前后的效果差别较明显(失真严重)。如图 1.3 和图 1.4 所示是放大前后的对比图。

图 1.3　　　　　　　　　　　　　　　　　　图 1.4

2) 矢量图像

矢量图像也称为向量图像，是以数学的方式来定义直线或者曲线，并以线集合创建图像。它的最大优点是能够平滑放大或缩小图像并维持原有的清晰度和弯曲度，存储时所占用的内存空间比较小；缺点是不易于表示色彩丰富的彩色图像，如果用来表示色彩丰富的风景照片，占用的空间比相同的位图图像大。常用的矢量图像软件有 CorelDRAW、Flash 和 Adobe Illustrator 等。现在的 Photoshop CS4 也支持对矢量图像的处理。如图 1.5 和图 1.6 所示是同一幅图像放大前后的对比图。

图 1.5　　　　　　　　　　　　　　　　　　图 1.6

3) Web 图像

随着网络技术的快速发展，在很多优秀的网页中，都采用了各种各样的图像，我们将这种图像称为网络图像或 Web 图像。

由于浏览网页要受到网络传输速率的影响，一般 Web 图像的文件信息都比较小，通常使用压缩和改变色彩模式的文件，图像大小为 640×480 像素，分辨率设置为 72 像素/英寸；色彩模式一般采用索引模式，只有在对图片要求很高的情况下使用 RGB 色彩模式。

在 Web 图像中常用的文件格式有 GIF 和 JPG。GIF 不但可以支持索引模式，还可以进行透明度的设置；JPG 支持 RGB 模式，对图像的压缩比例大。

1.1.5　案例小结

该案例主要介绍了 Photoshop CS4 的启动和图像基础知识，在该案例中要重点掌握位图图像与矢量图像之间的区别以及各种图像的使用范围。

1.1.6　举一反三

自己从网络上搜索一些位图图像、矢量图像和 Web 图像进行对比，分析它们之间的区别与联系。

1.2　文件操作

1.2.1　案例效果

本案例的效果图如图 1.7 的两幅图所示。

(a)　　　　　　　　　　　　　(b)

图 1.7

1.2.2　案例目的

通过对该案例的学习，读者应熟练掌握 Photoshop CS4 中对文件的相关操作。

1.2.3　案例分析

本案例主要介绍 Photoshop CS4 的文件操作，该案例的制作比较简单，大致是首先介绍如何新建文件，然后是存储文件和各种文件格式的介绍，之后介绍如何关闭文件，如何打开文件，最后介绍退出程序。

1.2.4　技术实训

文件操作主要包括新建文件、存储文件、关闭文件、打开文件和退出程序操作。这是学习图像处理的基础，下面详细介绍这 5 个操作。

1．新建文件

使用 Photoshop CS4 应用程序制作图像必须先建立一个文件。建立新文件的方法如下：

(1) 在菜单栏中单击 文件(F) → 新建(N)... 命令，弹出【新建】对话框，具体设置如图 1.8 所示。

图 1.8

(2) 根据设计需要，设置好相关参数后，单击 确定 按钮即可。

对【新建】设置对话框中部分选项说明如下。

名称(N)：在该文本框中输入需要保存的文件的名称，如果取默认名称，在存储好文件后再命名也可以。

预设(P)：单击【预设】右边的 图标，弹出下拉列表，在其下拉列表中选择需要的画布大小，有时也称为图像大小。也可以在【宽度】和【高度】文本框中输入图像画布的尺寸数值。

大小(I)：【大小】下拉列表框显示所选画布样式的尺寸。如果在【预设】下拉列表框中选择【剪切板】、【默认 Photoshop 大小】和【自定】3 个选项中的任一项，【大小】将显示为灰色，为不可用。

分辨率(R)：在【分辨率】文本框中可输入所需要的分辨率大小，分辨率的大小根据需要而定，如果是草稿或练习，一般设置为 72 像素/英寸；如果是设计，一般设置为 300 像素/英寸。

颜色模式(M)：在【颜色模式】下拉列表中可选择需要的颜色模式，共有位图、灰度、RGB 颜色、CMYK 颜色、LAB 颜色 5 种颜色模式。

① 位图模式：也称黑白模式，每个像素只有黑色和白色两种选择，它所占的磁盘空间最小。如果将彩色的图像模式转换为位图模式，先要把它转换为 256 色的灰度图像，然后才能转换为位图图像。

② 灰度模式：每个像素都以 8 位或 16 位表示，整个图像由黑、白、灰三色来表现，如果是使用灰度或黑白扫描仪产生的图像，则常用灰度模式显示。

③ RGB 颜色：R 代表红色、G 代表绿色、B 代表蓝色，也就是三原色。在计算机领域中，每种原色以八位来计算，每一种颜色都有一个从 0～255 的取值范围，共有 16 777 216 种变化，它们产生颜色的原理与 CMYK 模式不同，是一种加色法的色彩模式。

④ CMYK 颜色：C 代表青、M 代表洋红、Y 代表黄、K 代表黑，主要用于印刷时所使用的模式。CMYK 本质上和 RGB 模式是相反的，它们产生颜色的原理不同，CMYK 是一种减色法的色彩模式。

⑤ LAB 颜色：包含了 RGB 和 CMYK 的色彩模式，而且还加入了亮度，是一种"不依赖设备"的颜色模式方法。也就是说，无论使用何种监视器或打印机，LAB 颜色都不改

变。这种模式常用于 RGB 和 CMYK 之间的转换，如果要将 RGB 模式转换为 CMYK 模式，首先要将 RGB 模式转换为 CMYK 模式，再将 LAB 模式转换为 CMYK 模式。用这种方式进行颜色转换可降低损失。

背景内容(C)：：【背景内容】下拉列表框中主要有 3 种选择：白色、背景色和透明，在新建文件时，可以根据需要来选择。

2．存储文件

1）绘制一只小兔

(1) 在图 1.8 所示的对话框中根据需要设置好参数后，单击【确定】按钮，就可得到如图 1.9 所的界面。

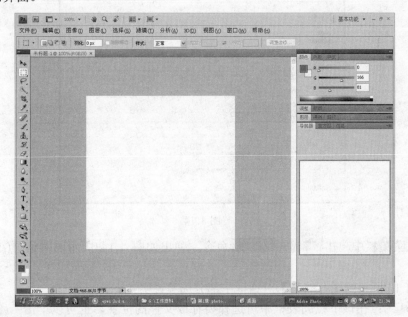

图 1.9

(2) 在工具箱中选择 ▨(自定义形状工具)，如图 1.10 所示，然后在选项栏中单击 ▾ 按钮，在【形状】弹出式调板中单击所需的形状，如图 1.11 所示，再在 样式 弹出式调板中选择所需要的样式，如图 1.12 所示。

(3) 将鼠标移动到绘图区，按住 Shift 键的同时拖动鼠标，即可绘制出如图 1.13 所示的图形，同时也添加了效果。

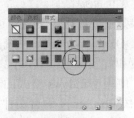

图 1.10　　　　　　　图 1.11　　　　　　　图 1.12　　　　　　　图 1.13

2) 存储所绘制的文件

在第一次执行【存储】或【存储为】命令时，会弹出如图 1.14 所示的对话框，我们需要选择保存的位置，并给该文件命名。这时可根据需要在【格式】下拉列表中选择文件格式，也可根据需要设置【存储】选项。如果是已经保存并命名过的文件，经过编辑或修改后，则只须按 Ctrl+S 组合键即可将其内容存储起来。

图 1.14

(4) 在菜单栏中单击 文件(F) → 存储(S) 命令，弹出如图 1.14 所示的对话框(或按 Ctrl+S 组合键)。

对图 1.14 所示的【存储为】对话框中部分选项说明如下。

保存在(I)：在该下拉列表框中可选择要存放文件的位置，也可以单击 📁(创建新文件夹)按钮新建一个文件夹，然后双击该文件夹，将其打开。

文件名(N)：在该下拉列表框中可输入文件名，如"小兔"、"dyccs"等，中英文均可。

格式(F)：在该下拉列表框中可根据需要选择所需要的格式，共有 19 种格式，下面主要介绍 8 种常用的格式。

① *.PSD、*.PDD：是 Photoshop 默认的文件格式，也是唯一一种能支持所有 Photoshop 功能的格式。为了使存储的 PSD 文件在 Photoshop 的早期版本中可以使用，可以设置一个预置，使文件兼容性尽可能提高。

② *.AVI：是音频/视频数据交叉(AVI)格式，用于音频/视频数据的标准 Windows 格式。

③ *.BMP：是 DOS 和 Windows 系统兼容的标准 Windows 图像格式。BMP 格式支持 RGB、索引颜色、灰度和位图颜色模式，可以为图像指定 Windows 或 OS/2(Operating System)格式和位深度；对于使用 Windows 格式的四位和八位图像，还可以只 RLE 压缩。

④ *.EPS：是压缩 PostScript 语言文件格式，可以同时包含矢量图形和位图图形，并且几乎所有的图形、图表和页面排版程序都支持该格式。EPS 格式支持 Lab、CMYK、RGB、索引颜色、双色调、灰度和位图颜色模式，但不支持 Alpha 通道。

⑤ *.GIF：图形交换格式(GIF)，是在 World Wide Web 及其他联机服务上常用的一种文件格式，用于显示超文本标记语言(HTML)文档中的索引颜色图形和图像。GIF 是一种 LZW 压缩的格式，目的在于减小文件大小和缩短电子传输的时间。GIF 格式保留索引颜色图像中的透明度，但不支持 Alpha 通道。

⑥ *.JPEG：联合图片专家组(JPEG)格式，是在 World Wide Web 及其他联机服务上常用的一种格式，用于显示超文本标记语言文档中的照片和连续色调图像。

说明：JPEG 格式支持 CMYK、RGB 和灰度颜色模式，但不支持 Alpha 通道。与 GIF 格式
　　　不同，JPEG 保留了 RGB 图像中的所有颜色信息，通过有选择地删除数据来压缩文
　　　件大小。

⑦ *.PDF：便携文件格式(PDF)，是一种灵活的、跨平台、跨应用程序的文件格式。PDF 文件精确地显示并保留字体、页面版式以及矢量和位图图形。另外，PDF 文件可以包含电子文档搜索和导航功能(如电子链接)。

⑧ *.TIFF：标记图像文件格式(TIFF)，用于在应用程序和计算机平台之间交换文件。TIFF 是一种灵活的位图图像格式，几乎支持所有的绘画、图像编辑和页面排版应用程序，几乎所有的桌面扫描仪都可以产生 TIFF 图像。TIFF 格式支持具有 Alpha 通道的 CMYK、RGB、Lab、索引颜色和灰度图像以及无 Alpha 通道的位图模式图像。Photoshop 可以在 TIFF 文件中存储图层，但是如果在其他应用程序中打开此文件，则只有拼合图像是可见的。Photoshop 也可以用 TIFF 格式存储注释、透明度和多分辨率等数据。

存储选项：在【存储选项】选项组中可以选择所有需要的选项，如是否将其作为副本、是否要存储图层、是否要存储 Alpha 1 通道、是否使用颜色配置以及是否使用小写扩展名等。

(5) 设置好各项选项后单击 保存(S) 按钮，即可将其存储起来。

3．关闭文件

将打开的文件或编辑过的文件关闭时，有以下两种情况。

(1) 打开的文件并没有被编辑过，或是新建的文件已经编辑好并保存了，可按下列两种中的任一种操作：

① 在菜单栏中单击 文件(F) → 关闭(C) 命令。

② 直接单击文件右上角的 ⊠ 按钮。

(2) 打开的文件或新建的空白文件被编辑过，没有保存就直接关闭时，会弹出如图 1.15 所示的警告框，用户可以根据需要来单击 是(Y) 、 否(N) 、 取消 按钮。如果需要保存则单击 是(Y) 按钮；如果不需要保存则单击 否(N) 按钮；如果不需要关闭就单击 取消 按钮。

图 1.15

4. 打开文件

在菜单栏中单击 文件(F) → 打开(O)... 命令，将弹出如图 1.16 所示的对话框，单击 查找范围(I): 右边的 ✓ 图标，弹出下拉列表，在其下拉列表中选择文件所在的文件夹，在需要打开的文件上单击，然后单击 打开(O) 按钮，即可打开一幅图像，如图 1.17 所示。

图 1.16　　　　　　　　　　　　　　　　　图 1.17

5. 退出程序

在菜单栏中单击 文件(F) → 退出(X) 命令，或直接单击右上角的 × 按钮，即可退出该程序。如果没有保存文件，则会弹出如图 1.18 所示的警告框。

1.18

1.2.5　案例小结

本案例主要介绍了新建文件、存储文件、关闭文件、打开文件和退出程序等相关操作，重点应掌握各种存储文件格式的作用和使用范围。

1.2.6　举一反三

根据前面所学知识，绘制如图 1.9 所示的动物图形。

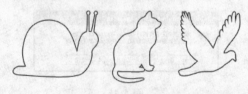

图 1.19

1.3　主菜单与工具箱

1.3.1　案例效果

本案例的原图及效果图如图 1.20 所示。

图 1.20

1.3.2　案例目的

通过对该案例的学习，读者应大致了解主菜单和工具箱的基本功能。

1.3.3　案例分析

本案例主要介绍 Photoshop CS4 的主菜单和工具箱的作用，该案例的制作比较简单，大致是首先介绍各个主菜单的作用，然后介绍快捷菜单的使用，之后介绍工具箱和工具属性栏的作用，最后通过一个案例介绍工具箱中工具的使用。

1.3.4　技术实训

1. 主菜单

了解主菜单和快捷菜单的基本功能，目的是为了在今后的绘图、编辑与处理图像、文字编辑等过程中能提高学习效率，在创作时激发灵感。

Photoshop CS4 提供的主菜单共有 11 个，分别为【文件】、【编辑】、【图像】、【图层】、【选择】、【滤镜】、【分析】、【3D】、【视图】、【窗口】和【帮助】。

1) 【文件】菜单

【文件】菜单的主要功能是对用户要制作或制作完成的文件进行管理与输出。

注意： 菜单中命令后的省略号表示执行该命令后会弹出一个对话框，其后的字母表示该命令的键盘快捷键，如果该命令后有小三角形，则表示该命令下还有其他相关的命令，称为子菜单。当指向有小三角形的命令时，会自动弹出子菜单，如图 1.21 所示。

2) 【编辑】菜单

【编辑】菜单的主要功能包括重做与还原、向前与向后、剪切、复制、粘贴、填充、描边、定义图案、清理、Photoshop CS4 的相关设置、自定义画笔以及预设管理器等。

3) 【图像】菜单

【图像】菜单的主要功能是调整图像模式、图像大小、画布大小、旋转画布、显示全部以及图像色彩与色调调整、裁切等。

4) 【图层】菜单

【图层】菜单的主要功能是对图层进行相关操作，如新建图层、删除图层、图层属性、合并图层、图层样式以及图层的调整编辑等。

5) 【选择】菜单

【选择】菜单的主要功能是对选区进行相关操作，如存储和载入，也可对图像进行选择与编辑。

6) 【滤镜】菜单

【滤镜】菜单的主要功能是对图像进行处理和创建图像特效，也是学习本软件应重点学习的部分。

7) 【分析】菜单

【分析】菜单的主要功能是设定测量刻度、测量图像等。

8) 【3D】菜单

【3D】菜单的主要功能是创建 3D 图形。

9) 【视图】菜单

【视图】菜单的主要功能是调整屏幕显示方式等。

10) 【窗口】菜单

【窗口】菜单的主要功能是控制屏幕中显示的控制面板、选项栏、工具箱、状态栏等。

11) 【帮助】菜单

【帮助】菜单的主要功能是为用户提供 Photoshop 的帮助信息等。

2. 快捷菜单

在图像窗口或面板中右击，会弹出其快捷菜单，图 1.22 所示是为选择 （快速选择工具)后，在画面中右击所弹出的快捷菜单。

图 1.21

图 1.22

3．工具箱与选项栏介绍

默认状态下，工具箱停留在屏幕左侧，在 Photoshop CS4 中，工具箱有两种显示方式：单行显示和双行显示，它们之间可以通过单击工具箱上面的 44 按钮来转换。当选择不同的工具时，会有相应的工具选项栏显示不同的选项设定。图 1.23 所示是选中 ✐(画笔工具)时的选项栏。

图 1.23

使用工具箱中的工具很简单，将鼠标移到需要使用的工具上单击，在工具属性栏中设定好工具的属性，再到画面中使用即可。

接下来以 ✑(快速选择工具)为例来介绍工具箱中工具使用的基本流程。

(1) 打开如图 1.24 所示的图片。

(2) 使用 ✑(快速选择工具)选择照片中不需要的背景人物。在工具箱中单击 ✑(快速选择工具)，设置 ✑(快速选择工具)工具属性栏的相关参数，具体设置如图 1.25 所示。

图 1.24

图 1.25

(3) 将鼠标移到画面中需要选择的地方单击，即可选中，如图 1.26 所示。

(4) 如果需要继续选择，则继续单击需要选择的地方，最终被选择的效果如图 1.27 所示。

图 1.26

图 1.27

(5) 如图 1.27 所示，用户就可以对选择的地方进行填充或删除等相关操作，其他没有选择的地方不受影响。

　　(6) 删除选择的背景人物。单击键盘上的 Delete 键即可将选择的部分删除，最终效果如图 1.28 所示。

　　(7) 按键盘上的 Ctrl+D 组合键即可取消选择，最终效果如图 1.29 所示。

图 1.28　　　　　　　　　　　　图 1.29

注意： 工具箱中的每个工具都可以使用相应的字母快捷键进行选择或切换，只要将鼠标移动到工具图标上，稍停几秒，右下角就会弹出该工具的提示框，显示其名称和快捷键。有些工具的右下角有一个小黑三角，表明其下还有隐藏的工具，按住鼠标左键停留片刻，即可调出其他隐含的工具，或在按住 Shift 键的同时单击工具的快捷键进行隐藏工具的循环切换。

1.3.5　案例小结

　　本案例主要介绍了主菜单、快捷菜单和工具箱的作用，通过对 (快速选择工具)的使用来介绍工具箱中的工具使用的基本流程，要重点掌握主菜单和工具箱的作用。

1.3.6　举一反三

　　打开一幅如图 1.30 左图所示的图片，使用前面所学知识处理成如图 1.30 右图所示的图片效果。

图 1.30

1.4　控制面板和 Adobe 拾色器

1.4.1　案例效果

本案例的效果图如图 1.31 所示。

图 1.31

1.4.2　案例目的

通过该案例的学习,使读者大致了解各种控制面板的作用和 Adobe 拾色器的使用方法。

1.4.3　案例分析

本案例主要介绍 Photoshop CS4 控制面板的作用和 Adobe 拾色器的使用方法,大致步骤是首先介绍控制面板的作用,然后介绍 Adobe 拾色器的作用和使用 Adobe 拾色器的方法。

1.4.4　技术实训

1. 控制面板

Photoshop CS4 提供了 21 个控制面板和 1 个文件浏览器。通常情况下,控制面板在窗口的右侧,是浮动的,可以对其任意移动。方法很简单,只要将鼠标指针移到浮动面板上方的灰色条上,按住鼠标左键将其拖到屏幕需要的地方后松开鼠标即可。在对图像进行编辑时,由于图片过大,需要增加图片的显示范围,此时可以先将控制面板和工具箱隐藏,需要时再显示出来。方法很简单,按 Tab 键隐藏控制面板,再按一次即可显示控制面板。下面简单介绍常用控制面板的主要作用。

1) 【图层】面板

【图层】面板的主要作用是对图层进行集中管理和操作,其主要操作有:创建图层、删除图层、隐藏/显示图层、调整图层的叠放顺序、不同属性图层之间的转换、创建图层组等。【图层】面板如图 1.32 所示。

2) 【通道】面板

【通道】面板用于通道的管理和操作,其主要操作有创建通道、删除通道、合并通道、调整通道的叠放顺序等。在 Photoshop CS4 中,【通道】面板中显示的是组成图像的基本颜色通道，可对不同颜色通道中的图像进行编辑、复制和处理，使图像达到更好的效果。【通道】面板如图 1.33 所示。

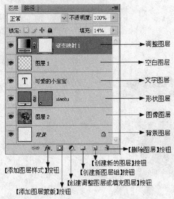

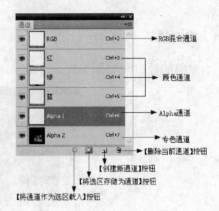

图 1.32   图 1.33

3)【路径】面板

【路径】面板的主要作用是对路径进行管理和操作，其主要操作有创建新路径、删除路径、将路径转换为选区、将选区转换为路径、描边路径、填充路径等。在【路径】面板中显示每个存储的路径、当前工作路径和当前图层剪贴路径的名称和缩览图像。减小缩览图的尺寸有助于在【路径】面板中显示更多的路径，而关闭缩览功能可以提高面板的性能。如果要查看路径，则必须先在【路径】面板中激活其路径。【路径】面板如图 1.34 所示。

4)【历史记录】面板

【历史记录】面板的主要作用是记录用户的操作步骤，默认状态保留 20 步用户操作步骤。单击【历史记录】面板上的某一操作，系统就会将图像复制到先前的状态。【历史记录】面板如图 1.35 所示。

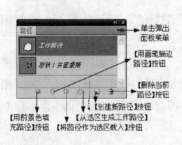

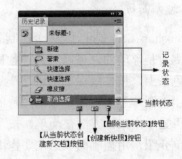

图 1.34   图 1.35

5)【动作】面板

【动作】面板的主要作用是记录、播放、删除动作，创建新设置和创建新动作等。【动作】面板如图 1.36 所示。

6)【字符】面板

【字符】面板的主要作用是设置字符的字体、大小、字形、行距、颜色、字体效果等。【字符】面板如图 1.37 所示。

图 1.36

图 1.37

7)【段落】面板

【段落】面板的主要作用是设置段落对齐方式、左右缩进、首行缩进、段前/段后等。【段落】面板如图 1.38 所示。

8)【导航器】面板

【导航器】面板的主要作用是显示用户正在编辑的图像，移动下面的缩放滑块或单击放大(缩小)按钮即可放大(缩小)图像。这里的放大(缩小)只影响用户的观察，不影响图像的实际大小。【导航器】面板如图 1.39 所示。

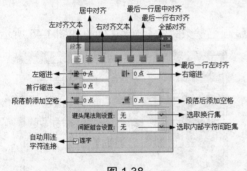

图 1.38

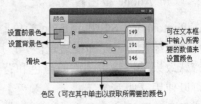

图 1.39

9)【信息】面板

【信息】面板的主要作用是显示当前关标所指图像处的相关信息。【信息】面板如图 1.40 所示。

10)【颜色】面板

【颜色】面板的主要作用是通过调整 RGB 或 CMYK 的值来调整前景色和背景色。【颜色】面板如图 1.41 所示。

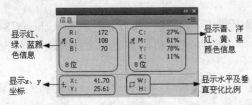

图 1.40

图 1.41

17

11) 【色板】面板

【色板】面板的主要作用是通过直接单击框中的颜色块来调整前景色和背景色。【色板】面板如图 1.42 所示。

12) 【样式】面板

【样式】面板的主要作用是直接将软件自带的样式赋予对象、创建新的样式等。【样式】面板如图 1.43 所示。

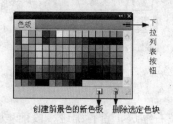

图 1.42

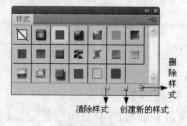

图 1.43

13) 【工具预设】面板

【工具预设】面板的主要作用是将工具箱中的一些工具预先在选项中设置好，然后在面板中单击【创建新的工具预设】按钮，将其存放在【工具预设】面板中。只要单击这些设置好的工具，Photoshop CS4 就会自动读取以前的设置。【工具预设】面板如图 1.44 所示。

14) 【画笔】面板

【画笔】面板的主要作用是选择画笔样式、调整画笔参数等。【画笔】面板如图 1.45 所示。

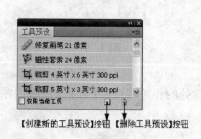

图 1.44

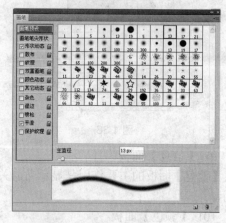

图 1.45

2. 使用 Adobe 拾色器

在 Photoshop CS4 中，Adobe 拾色器的主要作用是调整前景色和背景色。Photoshop CS4 使用前景色绘画、填充和描边选区，使用背景色生成渐变填充和在图像的涂抹区域中填充。一些特殊效果的滤镜也使用前景色和背景色。

可以使用【吸管】工具、【颜色】面板、【色板】面板或 Adobe 拾色器指定新的前景色或背景色。默认前景色为黑色，背景色为白色，但在 Alpha 通道中，默认前景色为白色，背景色为黑色。

【操作练习】设置前景色。

(1) 在工具箱中单击███图标，弹出如图 1.46 所示的对话框。

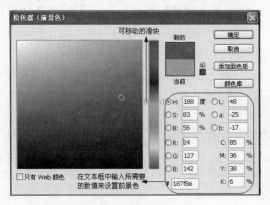

图 1.46

(2) 在【拾色器】对话框中拖动滑块到所需要的色区上，然后在左边的颜色框中单击或拖动光圈来选择颜色，一边拖动一边查看新颜色是否为所需要的颜色，如果是，单击【确定】按钮，即可完成前景色的设置。也可以在右下角的文本框中输入数值来设置前景色，一般情况下采用 RGB 颜色模式，即在 R、G、B 这 3 个文本框中输入数值。

1.4.5　案例小结

本案例主要介绍了控制面板的作用和 Adobe 拾色器的使用方法，重点是使用 Adobe 拾色器设置前景色，控制面板的作用只作了解即可。

1.4.6　举一反三

使用 Adobe 拾色器设置背景色。

1.5　网格、标尺与参考线

1.5.1　案例效果

本案例的效果图如图 1.47 所示。

图 1.47

1.5.2 案例目的

通过该案例的学习，使读者大致了解网格、标尺与参考线的作用和使用方法。

1.5.3 案例分析

本案例主要介绍网格、标尺与参考线的作用和使用方法，大致步骤是首先介绍标尺的使用，然后介绍参考线与网格的使用，最后介绍如何显示网格与改变网格的间距、颜色。

1.5.4 技术实训

灵活使用网格、标尺、度量工具与参考线，可以帮助用户沿图像的宽度或高度方向准确地定位图像或图素。

1. 标尺的使用

标尺显示在当前窗口的顶部和左侧。标尺的标记可显示指针移动时的位置，更改标尺原点，即左上角标尺上的(0,0)标志，可以使用户从图像的特定点开始度量。标尺原点还决定了网格的原点。

1) 显示或隐藏标尺

在菜单栏中单击 视图(V) → 标尺(R) 命令，或直接按 Ctrl+R 组合键，即可显示或隐藏标尺，标尺显示的状态如图 1.48 所示。

2) 更改标尺的原点

在处理图像时，会遇到一些特殊情况，如需要将标尺原点对齐到网格、参考线、切片或者文档边界。方法很简单：在菜单中单击 视图(V) → 对齐到(T) 命令，在下级子菜单中单击所需要的命令即可，如图 1.49 所示。

将指针移到窗口左上角的标尺交叉点上，并按住鼠标左键沿对角线向下拖到图像上，出现一组十字线，将其移至目标点，此时该目标点即为标尺的新原点，如图 1.50 所示。

图 1.48

图 1.49

图 1.50

3) 更改标尺设置

在处理图像时，有时需要更改标尺的设置。方法很简单：在菜单栏中单击 编辑(E) →

首选项(N) → 单位与标尺(U)...命令，弹出如图 1.51 所示的对话框。根据实际需要在对话框中设置标尺的单位、打印分辨率、屏幕分辨率等选项。

2. 参考线与网格的使用

参考线是浮在整个图像上但不打印的线。可以对参考线进行移动、删除、锁定等操作。

在 Photoshop CS4 中，网格默认情况下为不打印的直线，可以将网格线显示为网点。网格对于处理对称图像非常有用。

参考线与网格有很多相似之处。

(1) 当鼠标在屏幕图像内拖动时，路径和选框等工具可与参考线或网格对齐，移动参考线时仍可保持与网格对齐(该功能可以打开或关闭)。

(2) 是否能够看到参考线、网格、对齐方式因图像而异。

(3) 网格间距、参考线、网格的颜色及样式对所有的图像都相同。

1) 参考线的创建

参考线的创建方法有两种。

(1) 第一种：直接将鼠表移动标尺上，按住左键不放拖动鼠标到需要放置参考线的地方，松开鼠标即可。

(2) 第二种：在菜单栏中单击 视图(V) → 新建参考线(E)...命令，弹出如图 1.52 所示的对话框。设置好【新建参考线】对话框后，单击 确定 按钮。

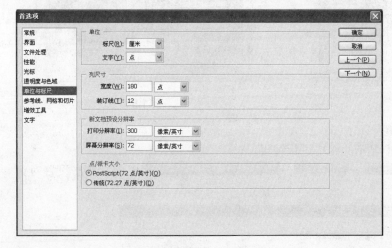

图 1.51

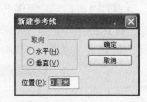

图 1.52

对图 1.52 所示对话框中部分选项说明如下：

(1) 取向：在【取向】选项组中有两个单选项，选择【水平】，将创建水平参考线；选择【垂直】，将创建垂直参考线。

(2) 位置(P)：【位置】是指参考线从标尺原点到参考线处的单位长度。根据需要直接在【位置】文本框中输入数值即可。

2) 参考线的移动

移动参考线的方法很简单，单击工具箱中的 (移动工具)，或者按住 Ctrl 键将鼠标指针移到参考线上，此时鼠标指针变成双箭头，按住鼠标左键不放移动鼠标即可。

注意：在拖动参考线时，按住处 Shift 键可使参考线与标尺上的刻度对齐。在网格显示的情况下，在菜单栏中单击 视图(V) → 对齐到(T) → 网格(R) 命令，则参考线与网格对齐。

3）删除参考线

参考线的删除有两种情况。

(1) 删除所有参考线。操作方法：在菜单栏中单击 视图(V) → 清除参考线(D) 命令，即可删除所有参考线。

(2) 删除某一条参考线。操作方法：单击工具箱中的 ▸⊹(移动工具)，或者按住 Ctrl 键将鼠标指针移到参考线上，此时鼠标指针变成双箭头，按住鼠标不放移动鼠标指针到标尺外再松开鼠标即可。

3. 显示网格与改变网格的间距、颜色

1）显示网格

(1) 打开如图 1.53 所示的图片。

(2) 在菜单栏中单击 视图(V) → 显示(H) 命令，弹出下级子菜单。在下级子菜单中单击 网格(R) 命令，可显示或隐藏网格。显示网格的状态如图 1.54 所示。

图 1.53　　　　　　　　　　　　　　　　图 1.54

2）改变网格间距、颜色

对图 1.54 所示的图片中显示的网格进行编辑。

(1) 在菜单栏中单击 编辑(E) → 首选项(N) → 参考线、网格和切片(S)... 命令，弹出设置对话框，具体设置如图 1.55 所示。

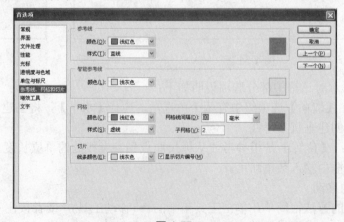

图 1.55

(2) 设置完后单击【确定】按钮，图像效果如图 1.56 所示。

图 1.56

1.5.5　案例小结

本案例主要介绍了网格、标尺与参考线的作用和使用方法，读者要熟练掌握网格、标尺与参考线的使用方法。

1.5.6　举一反三

打开一幅如图 1.57 左图所示的图片，给打开的图片设置标尺、参考线和网格，最终效果如图 1.57 右图所示。

图 1.57

第2章 工具的操作及其应用

说明：

本章主要通过16个案例全面介绍了Photoshop CS4中各个工具的作用和使用方法，老师在讲解过程可以根据实际情况，对后面的举一反三案例进行适当提示或讲解。

教学建议课时数：

一般情况下需16课时，其中理论6课时、实际操作10课时(根据特殊情况可做相应调整)。

在 Photoshop CS4 中，学会灵活使用工具是进行图像处理、设计创作的基础。本章将结合实际例子来讲解 Photoshop CS4 中各工具的功能和使用方法。

2.1　选取工具的使用

2.1.1　案例效果

本案例的效果图如图 2.1 所示。

图 2.1

2.1.2　案例目的

通过该案例的学习，使读者熟练掌握选取工具的使用。

2.1.3　案例分析

本案例主要介绍 Photoshop CS4 选取工具的使用，该案例的制作比较简单，大致步骤是首先介绍选框工具属性栏参数的含义，然后利用选框工具建立选区，之后利用椭圆工具和单行/单列选框工具建立选区。

2.1.4　技术实训

在 Photoshop CS4 中，使用选取工具的频率非常高，几乎达到 90%以上，选取工具主要包括 (矩形选框工具)、(椭圆选框工具)、(单行选框工具)、(单列选框工具)、(套索工具)、(多边形套索工具)、(磁性套索工具)、(魔棒工具)、(快速选择工具)等。

1. 选框工具属性栏

选框工具主要有矩形、椭圆、圆角矩形和 1 像素单行和单列选框工具，它们的工具属性选项栏基本相同，如图 2.2 所示。

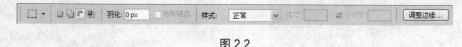

图 2.2

对图 2.2 所示的选框工具的属性选项栏中部分选项说明如下。

(1) (新选区)按钮：选择该按钮可建立新选区，如果以前有选区，在建立新选区的同时，以前选区将取消。

(2) ▢(添加到选区)按钮：选择该按钮可向当前选区中添加选区。

(3) ▢(从当前选区中减去选区)按钮：选择该按钮可从当前选区中减去选区。

(4) ▢(与选区交叉)按钮：选择该按钮可选择与其他选区交叉的区域。

(5) 羽化：：在该文本框中可指定选区的羽化像素。

(6) 样式：：在【样式】下拉列表框中可以选择 3 种样式。

① 【正常】：通过拖动鼠标来确定选框的比例。

② 【固定长宽比】：需要设置【高度】与【宽度】的比例，即输入长、宽的值(十进制数)。例如，要绘制一个宽是高的两倍的选框，则输入宽度"2"和高度"1"。

③ 【固定大小】：需要指定选框的【高度】和【宽度】值(输入整数像素值)。

(7) 调整边缘...：单击该按钮，弹出如图 2.3 所示的【调整边缘】设置对话框，具体参数的设置在后面章节中再详细介绍。

2. 利用选框工具建立选区

(1) 打开如图 2.4 所示的图片，在工具箱中选择 ▢(矩形选框工具)。

图 2.3   图 2.4

(2) ▢(矩形选框工具)属性选项采用默认设置，移动鼠标指针到画面的左上角，按住鼠标左键向下角拖动，如图 2.5 所示，松开左键即可得到如图 2.6 所示的选区。

图 2.5   图 2.6

(3) 在 (矩形选框工具)属性选项栏中选择 ▛(从当前选区中减去选区)按钮,按住鼠标左键从选区的左上角向右下角拖动鼠标,如图 2.7 所示,松开鼠标即可得到如图 2.8 所示的选区。

图 2.7　　　　　　　　　　　　　图 2.8

(4) 方法同第 3 步,继续减去不需要的选区,最终效果如图 2.9 所示。

(5) 单击 调整边缘... 按钮,弹出【调整边缘】设置对话框,【调整边缘】设置对话框的具体设置和效果如图 2.10 所示。

图 2.9

图 2.10

(6) 设置好参数之后,单击 确定 按钮,即可得到如图 2.11 所示的选区效果。

(7) 按 Ctrl+C 组合键复制文件,再按 Ctrl+V 组合键粘贴文件,将刚粘贴的图片向右移动一段距离。最终效果如图 2.12 所示。

图 2.11

图 2.12

(8) 在菜单栏中单击 编辑(E) → 变换(A) → 水平翻转(H) 命令，即可得到如图 2.13 所示的效果。

图 2.13

(9) 保存文件，并命名为"矩形选取.PSD"的文件。

3. 利用 ◯(椭圆选框工具)和单行/单列选框工具建立选区

在工具箱中选择 ◯(椭圆选框工具)，按住 Shift 键的同时，在工作区中拖动鼠标，可以选取出正圆形区域。◯(椭圆选框工具)的属性选项栏与 □(矩形选框工具)的属性选项栏的设置基本相同，如图 2.14 所示。

图 2.14

单行/单列选框工具是 □(矩形选框工具)的一种特殊情况，主要用于在图像中建立 1 像素的框线区和 1 像素高的竖线选区。单行/单列选框工具的属性选项栏如图 2.15 所示。

图 2.15

1) 利用单行/单列选框工具建立选区

(1) 打开如图 2.16 所示的图片。

(2) 在工具箱中选择 ⋯(单行选框工具)，在属性选项栏中单击 ▣(添加到选区)按钮，在图像中单击多次，即可得到如图 2.17 所示的选区。

图 2.16

图 2.17

(3) 在工具箱中选择 ▮(单列选框工具)，在属性选项栏中单击 ▣(添加到选区)按钮，在图像中单击多次，即可得到如图 2.18 所示的选区。

2) 利用 ◯(椭圆选框工具)建立选区

接着上面案例继续。

(1) 在工具箱中选择 ◯椭圆选框工具，在属性选项栏中单击 ⌐(从当前选区中减去选区)按钮。

(2) 按住鼠标左键从左上角向右下角拖动鼠标，如图 2.19 所示，松开鼠标即可得到如图 2.20 所示的选区。

图 2.18

图 2.19

(3) 按 Alt+Del 组合键，将选区填充为前景色。

(4) 按 Ctrl+D 组合键取消选区，即可得到如图 2.21 所示图像的效果。

图 2.20

图 2.21

(5) 保存文件，并命名为"椭圆单行列操作.PSD"的文件。

2.1.5　案例小结

该案例主要介绍了选取工具的操作，在该案例中要重点掌握各个选取工具的属性栏参数设置和各个工具的使用方法。

2.1.6　举一反三

打开图 2.22 左图所示的图片，将其处理成图 2.22 右图所示的效果。

图 2.22

2.2 移动工具的使用

2.2.1 案例效果

本案例的效果图如图 2.23 所示。

图 2.23

2.2.2 案例目的

通过该案例的学习，使读者熟练掌握移动工具的使用。

2.2.3 案例分析

本案例主要介绍 Photoshop CS4 移动工具的使用，该案例的制作比较简单，大致步骤是首先介绍 ▸⊕ (移动工具)属性栏，然后是移动图像位置，之后是对齐选区，最后介绍如何分布图层。

2.2.4 技术实训

1. ▸⊕(移动工具)属性栏

▸⊕(移动工具)的主要作用是将选区或图层中的图像移到图像中的新位置，以及在图像内对齐选区和图层并为其分布图层。▸⊕(移动工具)的属性选项栏如图 2.24 所示。

图 2.24

对图 2.24 所示的 ▸⊕(移动工具)的属性选项栏中部分选项说明如下。

(1) ☑自动选择：如果可选【自动选择图层】复选框，此时，在工作区中单击任意一个有像素的对象，在【图层】面板中则自动跳转到该对象所在的图层。

(2) ☐显示变换控件：在选中对象的周围显示定界框。

(3) 对齐与分布：要在图像中对齐选区或图层，则需要先建立一个选区，或链接到要对齐的图层，然后再单击 ▫(顶对齐)、▫(垂直居中对齐)、▫(底对齐)、▫(左对齐)、▫(水平居中对齐)和 ▫(右对齐)中的一个或几个按钮。要在图像内分布图层，则需要先在【图层】面板中链接 3 个或 3 个以上的图层，再单击 ▫(顶分布)、▫(垂直居中分布)、▫(底分布)、

（左分布）、（水平居中分布)和（右分布)中的一个或几个按钮。

（4）（自动对齐图层)按钮：选中两个或两个以上的图层，单击（自动对齐图层)按钮，弹出如图 2.25 所示的【自动对齐图层】对话框，用户可以根据自己的需要选择对齐方式。

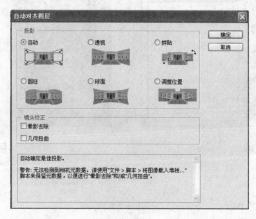

图 2.25

2．移动图像位置

1）在同一文件内移动

（1）打开如图 2.26 所示的图片，【图层】面板如图 2.27 所示。

图 2.26

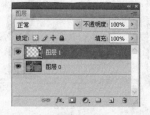

图 2.27

（2）将鼠标指针移到画面中，按住鼠标左键并向左拖动，如图 2.28 所示，移到需要的位置时松开鼠标，如图 2.29 所示。

图 2.28

图 2.29

2）在不同文件间移动

（1）新建一个文件，图像大小设为 394×380 像素，设置【分辨率】为"72"像素/英寸，【背景内容】为"白色"。

（2）激活前面的"移动.PSD"文件，用移动工具将前景对象拖到新建的文件中，当指

针呈 🔖 状，如图 2.30 所示，松开鼠标左键，即可将前景对象复制到新建立的文件中，如图 2.31 所示。

图 2.30

图 2.31

3. 对齐选区

(1) 打开"对齐选区.PSD"文件，如图 2.32 所示。

(2) 选择工具箱中的 🔲(单列选框工具)，如果没有显示标尺栏，则按 Ctrl+R 组合键使其显示。

(3) 在标尺 8cm 处正下方的图像上单击，创建一条单列选框，如图 2.33 所示。

图 2.32

图 2.33

(4) 选择工具箱中的 ➤(移动工具)，单击选项栏中的 🔲(水平居中对齐)按钮，即可将图像与选区水平对齐，如图 2.34 所示。

(5) 选择工具箱中的 ▭(单行选框工具)，在图像上单击，创建一条单行选区，如图 2.35 所示。

图 2.34

图 2.35

(6) 选择工具箱中的 ➤(移动工具)，单击选项栏中的 ▯(垂直居中对齐)按钮，即可将图像与选区水平对齐，如图 2.36 所示。

4. 分布图层

(1) 打开“分布图层.PSD”文件，如图 2.37 所示，【图层】面板如图 2.38 所示。

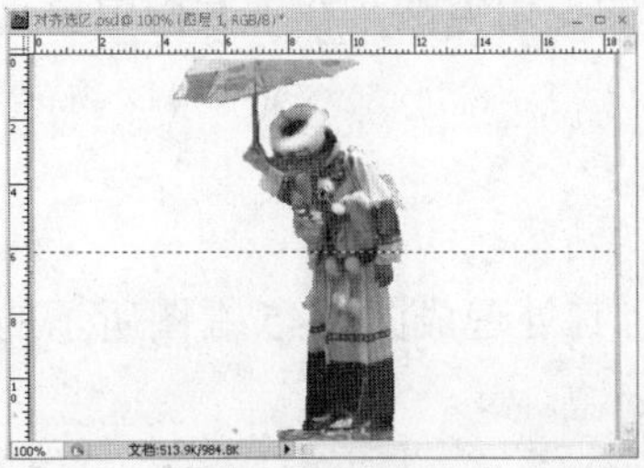

图 2.36

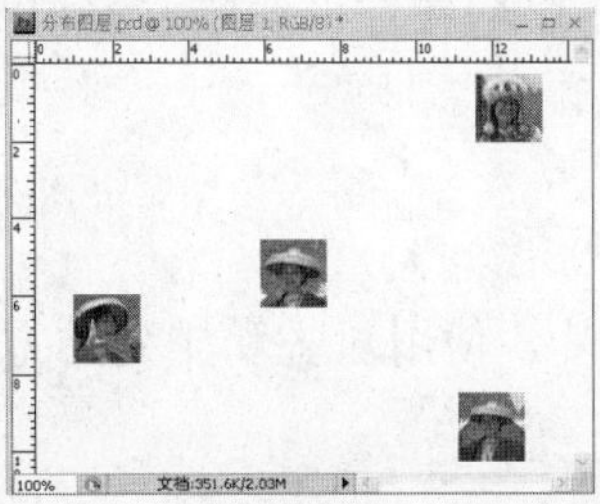

图 2.37

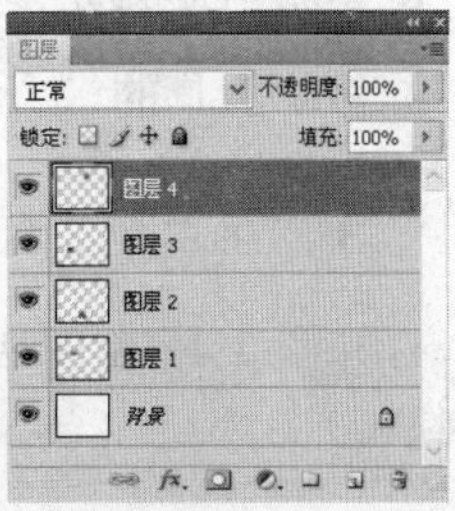

图 2.38

(2) 在按住 Shift 键的同时，单击【图层 1】，此时选中【图层 1】至【图层 4】4 个图层。【图层】面板如图 2.39 所示。

(3) 选择工具箱中的(移动工具)，在工具选项栏中单击(水平居中分布)按钮，图像效果如图 2.40 所示。

(4) 单击工具选项栏中的(垂直居中分布)按钮，图像效果如图 2.41 所示。

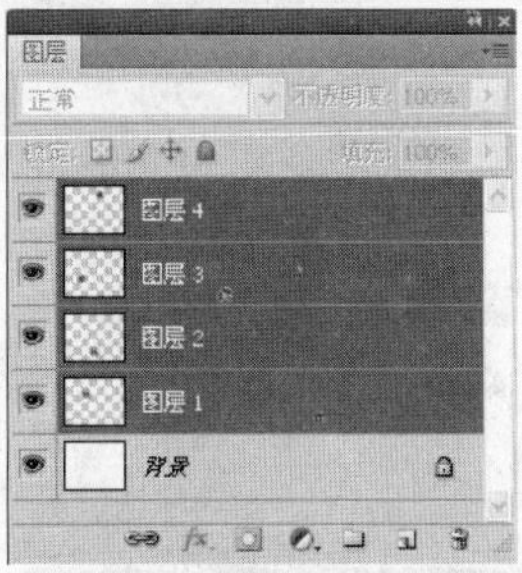

图 2.39

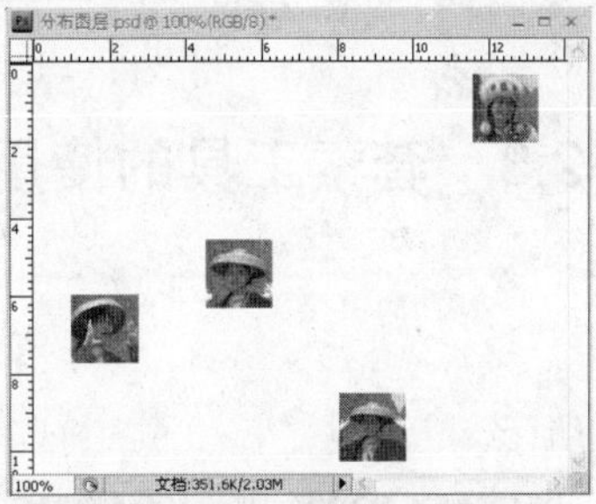

图 2.40

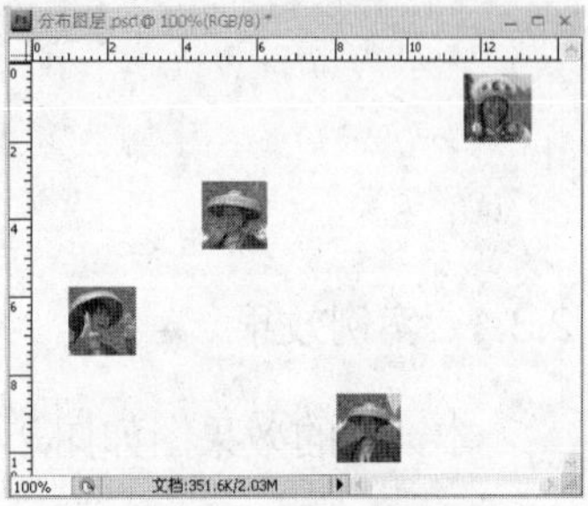

图 2.41

(5) 从标尺中拖出几条参考线，如图 2.42 所示，可以看出各图像之间已经分布均匀。

(6) 单击菜单栏中的 视图(V) → 清除参考线(D) 命令，清除所有的参考线。

技巧： 在移动图像时，有时很难确定图像的中心点。只要在选择移动工具时，在选项栏中选择 ☑显示变换控件 复选框，即可快速地找到中心点。

例如，选择【图层 2】图层，【图层 2】面板如图 2.43 所示。在移动工具的属性选项栏选择 ☑显示变换控件 复选框。图像效果如图 2.44 所示。

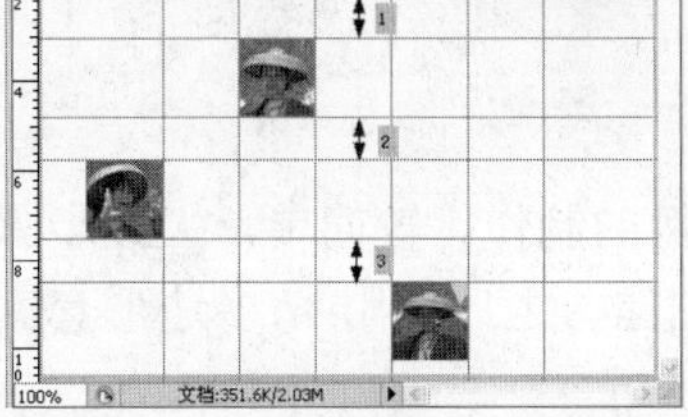

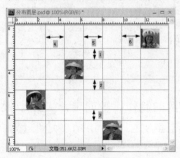

图 2.42

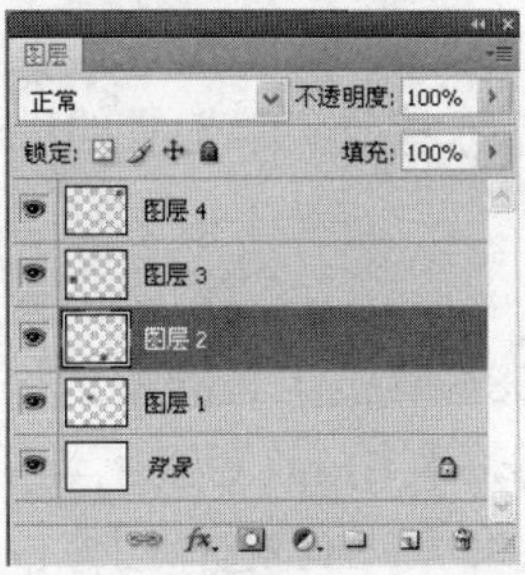

图 2.43

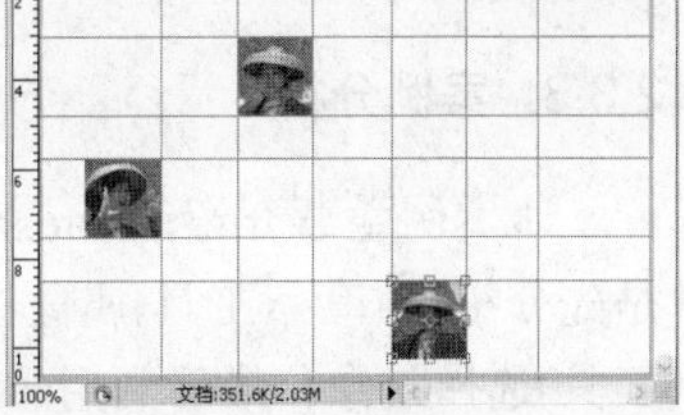

图 2.44

2.2.5　案例小结

本案例主要介绍了 (移动工具)属性栏参数设置和工具的使用方法，在本案例中要重点掌握移动工具的综合使用方法。

2.2.6　举一反三

打开图 2.45 左图所示的图片，使用对齐和排列的方法将其处理成图 2.45 右图所示的效果。

图 2.45

2.3　套索工具的使用

2.3.1　案例效果

本案例的效果图如图 2.46 所示。

图 2.46

2.3.2　案例目的

通过该案例的学习，使读者熟练掌握套索工具的综合使用。

2.3.3　案例分析

本案例主要介绍 Photoshop CS4 套索工具的使用，该案例的制作比较简单，大致步骤是先介绍 (套索工具)属性栏，然后利用 (套索工具)选择图像，之后利用 (多边形套索工具)选择图像，最后利用 (磁性套索工具)选择图像。

2.3.4　技术实训

1．套索工具属性栏

套索工具的主要作用是在图像中选取出任意形状的区域。套索工具主要包括 (套索工具)、 (多边形套索工具)、 (磁性套索工具)。其中 (磁性套索工具)特别适用于快速选择与背景对比强烈且边缘复杂的对象。

(1) (套索工具)：主要作用是在图像中选取任意形状的区域。 (套索工具)属性选项栏如图 2.47 所示。使用 (套索工具)时，按住 Alt 键的同时拖动鼠标，能形成任意形状的曲线，一旦释放鼠标和 Alt 键，选取的起点与终点就会以直线相连，从而构成任意形状的封闭选区。按住 Alt 键，然后单击鼠标，此时套索工具变为多边形套索工具，再次单击时，点与点之间就会以直线相连。选项栏 的用法同前面介绍的其他选择工具一样。

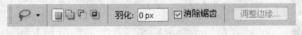

图 2.47

(2) (多边形套索工具)：主要作用是在图像中选取出任意形状的多边形选区。 (多边形套索工具)属性选项栏如图 2.48 所示。

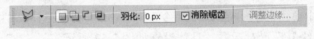

图 2.48

使用 (多边形套索工具)时，可以通过拖动鼠标来在图像中构成不规则的封闭多边形的选区，一旦双击释放鼠标，则选取的起点与终点就会以直线相连，从而构成不规则的多边形封闭选区。选项栏 的用法同前面介绍的其他选择工具一样。

(3) (磁性套索工具)：主要作用是在图像中选取出不规则的且图形颜色与背景颜色反差较大的图形。 (磁性套索工具)的属性选项栏如图 2.49 所示。

图 2.49

使用 (磁性套索工具)时，可以通过拖动鼠标将图形颜色与背景颜色反差比较大的图形选取出来，一旦释放鼠标，则选取的起点与终点就会以直线相连，从而形成图形颜色与背景颜色反差较大的选区。在选取选区时，若鼠标的起点与终点位置相同，此时 的旁边就会出现一个小圆圈。选项栏 的用法同前面介绍的其他选择工具一样。

对图 2.49 所示的磁性套索工具属性选项栏中的部分选项说明如下。

宽度：在【宽度】文本框中输入像素值，以指定检测宽度。磁性套索工具只检测从指针开始位置的指定距离以内的边缘。

对比度：在【对比度】文本框中输入像素值来指定套索对图像的灵敏度，像素值为 2%～200% 的一个数值，比较高的数值来检测与环境对比鲜明的边缘，较低的数值则检测对比度较低的边缘。

频率：在【频率】文本中可输入频率为 2～200 的一个数值，以指定套索工具设置紧固点的频率(较高的数值会更快地固定选区边框)。

：如果用户正在使用光笔绘图板，单击 按钮将增大光笔压力，从而导致边缘宽度减小。

2．利用 (套索工具)选择图像

(1) 打开如图 2.50 所示的图片。

(2) 选择工具箱中的 (套索工具)，工具选项栏采用默认设置。

(3) 将鼠标指针移动到画面中，拖动鼠标指针，达到所需的形状后松开，即可得到一个选框，如图 2.51 所示。

图 2.50   图 2.51

(4) 在菜单栏中单击 选择(S) → 反向(I) 命令，再单击 (套索工具)属性栏中的 调整边缘... 按钮，弹出【调整边缘】设置对话框，具体设置如图 2.52 所示。

(5) 单击 确定 按钮，按键盘上的 Delete 键，再按 Ctrl+D 组合键取消选区，即可得到如图 2.53 所示的效果。

图 2.52   图 2.53

(6) 保存文件。

3．利用 (多边形套索工具)选择图像

(1) 打开如图 2.54 所示的图片。

(2) 选择工具箱中的 (多边形套索工具)，工具选项栏的参数设置如图 2.55 所示。

图 2.54 图 2.55

(3) 将鼠标指针移到画面中单击以确定起点，拖动鼠标指针，到达所需要的位置后单击，确定下一个顶点，连续操作，直到获得需要的形状后返回起点单击，即可获得一个选区，如图 2.56 所示。

图 2.56

(4) 在菜单栏中单击选择(S)→反向(I)命令。

(5) 设置前景色为蓝青色(R：24：、G：127、B：142)。

(6) 按键盘上的 Alt+Del 组合键，将选区填充为蓝青色，按 Ctrl+D 组合键取消选区。最终效果如图 2.57 所示。

(7) 按 Ctrl+S 组合键保存文件。

4. 利用 (磁性套索工具)选择图像

(1) 打开一幅如图 2.58 所示的图片。

图 2.57 图 2.58

(2) 选择工具箱中的 (磁性套索工具)，工具选项栏的设置如图 2.59 所示。

图 2.59

（3）将鼠标指针移到画面中单击以确定起点，然后拖动沿图形的边缘移动，如图 2.60 所示。

（4）到达关键点时单击以确定下一个点，移动鼠标指针，到达紧固点时单击，如图 2.61 所示，这样连续操作直到将图形全部选中为止。返回起点时指针呈状，如图 2.62 所示，单击即可将该图形区域选出，如图 2.63 所示。

图 2.60　　　　　　　　　　图 2.61　　　　　　　　　　图 2.62

（5）在菜单栏中单击 选择(S) → 反向(I) 命令。

（6）按键盘上的 Alt+Del 组合键，将选区填充为前景色，按 Ctrl+D 组合键取消选区。最终效果如图 2.63 所示。

图 2.63

2.3.5　案例小结

该案例主要介绍了套索工具的使用方法，在该案例中要重点掌握各种套索工具之间的区别与联系。

2.3.6　举一反三

打开图 2.64 左图所示的图片，使用对齐和排列的方法将其处理成图 2.64 右图所示的效果。

图 2.64

2.4　使用魔棒与快速选择工具进行抠像

2.4.1　案例效果

本案例的效果图如图 2.65 所示。

图 2.65

2.4.2　案例目的

通过该案例的学习，使读者熟练掌握魔棒与快速选择工具的综合使用方法和技巧。

2.4.3　案例分析

本案例主要介绍如何使用魔棒与快速选择工具进行抠像，该案例的制作比较简单，大致是先介绍魔棒与快速选择工具属性栏，然后使用魔棒与快速选择工具抠像。

2.4.4　技术实训

1. 魔棒与快速选择工具属性栏

1）（魔棒工具）

（魔棒工具）是一个非常神奇的选取工具，可以用来选择图像中颜色相似的区域。当使用（魔棒工具）单击图像中的某个点时，该点附近与它颜色相同或相似的区域，便自动地被选中。通过设定（魔棒工具）属性选项栏，可以控制颜色的相似程度、是否连续、是否对所有图层取样等，（魔棒工具）属性栏如图 2.66 所示。

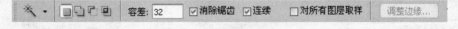

图 2.66

(1) 容差文本框：在【容差】文本框中可以输入 0～255 的数值，输入的值越小与所选取的像素颜色越相似。

(2) ☑消除锯齿：如果【消除锯齿】前面的复选框被打上"√"，所选区域会比较平滑。

(3) ☑连续：如果【连续】前面的复选框被打上"√"，则只能选择相邻区域的相同颜色的像素，否则只能选择不同区域的同一种颜色的所有像素。

(4) ☐对所有图层取样：如果【对所有图层取样】前面的复选框被打上"√"，则只能选择所有可见图层中相同颜色的像素，否则只能选择当前图层中相似颜色的像素。

2) 快速选择工具

（快速选择工具）是一个非常实用方便的选取工具，可以用来选取任意的图像区域，操作方法非常简单：调整好"画笔"大小，在图像的任意区域处单击，即可选取与画笔大小相同的区域。（快速选择工具）属性栏如图 2.67 所示。

图 2.67

(1) （建立新选区）：单击该按钮可建立新选区，如果以前有选区，在建立新选区的同时，以前选区将取消。

(2) （添加到选区）：单击该按钮可向当前选区中添加选区。

(3) （从当前选区中减去选区）：单击该按钮可从当前选区中减去选区。

(4) 画笔（画笔）：主要用来定义快速选区工具的直径、硬度和间距。

(5) 对所有图层取样：如果【对所有图层取样】前面的复选框被打上"√"，在取样时，对所有图层进行取样，否则只能当前图层取样。

2. 使用魔棒与快速选择工具抠像

(1) 打开如图 2.68 所示的图片。

(2) 选择 （魔棒工具），（魔棒工具）属性栏的设置如图 2.69 所示。

图 2.68 　　　　　　　　　　　　　　　图 2.69

(3) 将工具移到如图 2.70 所示的位置，单击鼠标左键即可得到如图 2.71 所示的选区。

(4) 在 （魔棒工具）属性栏中选择（添加到选区）按钮，继续在需要选择的图像位置处单击选择图像，最终效果如图 2.72 所示。

图 2.70 　　　　　　　图 2.71 　　　　　　　图 2.72

(5) 从图 2.72 可以看出，人物对象有一部分被选中了，这不是我们想要的结果。此时，我们可以使用 ✎(快速选择工具)将多选的区域减去。

(6) 在工具箱中选择 ✎(快速选择工具)，在 ✎(快速选择工具)属性栏中选择 ✎(从当前选区中减去选区)按钮，其他设置采用默认设置。将鼠标指针移到被多选的选区，如图 2.73 所示。单击鼠标左键即可将该处的选区减掉，如图 2.74 所示。

(7) 方法同第 6 步，使用 ✎(快速选择工具)配合 (快速选择工具)工具属性栏中的 ✎(添加到选区)按钮、✎(从当前选区中减去选区)按钮和 画笔：●70(画笔)的设置，继续完成背景的选择，最终选择的背景如图 2.75 所示。

图 2.73　　　　　　　　　　　图 2.74　　　　　　　　　　　图 2.75

(8) 单击 ✎(快速选择工具)属性栏中的 调整边缘... 按钮，弹出【调整边缘】设置对话框，具体设置如图 2.76 所示。

(9) 单击 确定 按钮，按键盘上的 Delete 键将选择的背景删除，再按 Ctrl+D 组合键取消选区，最终效果如图 2.77 所示。

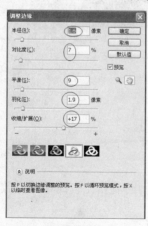

图 2.76　　　　　　　　　　　　　　　　　　　　图 2.77

2.4.5　案例小结

该案例主要介绍了使用魔棒与快速选择工具进行抠像的方法，在该案例中要重点掌握魔棒与快速选择工具相结合的使用方法。

2.4.6 举一反三

打开图 2.78 左图所示的图片，使用魔棒与快速选择工具将其处理成图 2.78 右图所示的效果。

图 2.78

2.5 使用裁剪工具裁剪图像

2.5.1 案例效果

本案例的效果图如图 2.79 所示。

图 2.79

2.5.2 案例目的

通过该案例的学习，使读者熟练掌握裁剪工具的使用。

2.5.3 案例分析

本案例主要介绍如何使用裁剪工具修剪图像，该案例的制作比较简单，大致是先介绍裁剪工具属性栏，然后使用裁剪工具裁剪图像。

2.5.4 技术实训

1. ⛏(裁剪工具)属性栏

⛏(裁剪工具)的主要作用是裁掉图像中不需要的部分，Photoshop CS4 提供了对裁剪图像的更改、旋转等功能。⛏(裁剪工具)属性选项栏如图 2.80 所示。

图 2.80

用裁剪工具选择图像中想要保留的区域，效果如图 2.81 所示。此时，选项栏如图 2.82 所示。

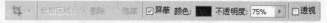

图 2.81　　　　　　　　　　　　　　　　　　　　图 2.82

对图 2.82 所示的 ⊡ (裁剪工具)属性选项栏中的部分选项说明如下。

颜色： 表示被选中的部分被蒙住的颜色，可以调节为用户所需要的颜色。

不透明度：75% ：用来控制被蒙住的颜色的透明程度，文本框中可以输入 0%～100%的数值。百分比的数值越大，透明度越低，反之透明度越高。

删除： 如果在裁剪图像时，选择的是【删除】命令，裁剪区域外的图像将被裁掉，保留裁剪区域内的图像。

隐藏： 如果在裁剪图像时，选择的是【隐藏】命令，裁剪区域内的图像将被保留在图像文件中，用户可以通过移动工具来使隐藏区域内的图像可见。

如果想调整裁剪区域的大小，可以将鼠标指针移到所选区域的边框的小矩形上，此时鼠标指针变成了双箭头，拖动鼠标指针到需要的位置松开，即可改变选区大小。在图像上右击鼠标，在弹出的快捷菜单中有两个选项【裁剪】和【取消】。单击【裁剪】命令，选框内的图像被保留，而选框外的图像被裁剪掉，效果如图 2.83 所示，也可以直接按 Enter 裁剪，按 Esc 键取消裁剪。

如果想要裁剪出一定的角度，可以利用鼠标来旋转裁剪区域，如图 2.84 所示，按 Enter 键即可得到旋转后的裁剪区域，如图 2.85 所示。

图 2.83

图 2.84

图 2.85

2. 使用(裁剪工具)裁剪图像

(1) 打开一幅图片，如图 2.86 所示。

(2) 选择工具箱中的 □(裁剪工具)，在图像上拖动鼠标框选出需要保存的图像部分，如图 2.87 所示。

(3) 将鼠标移到裁剪区域的角点位置，此时鼠标变成 ↻ 形状，按住鼠标左键不放的同时进行旋转操作，最终效果如图 2.88 所示。

(4) 按 Enter 键即可完成裁剪，效果如图 2.89 所示。

(5) 在菜单栏中单击 图像(I) → 图像旋转(G) → 90 度(逆时针)(0) 命令，即可得到如图 2.90 所示的效果。

图 2.86　　　　图 2.87　　　　　图 2.88　　　　　图 2.89　　　　　图 2.90

2.5.5　案例小结

该案例主要介绍了如何使用 □(裁剪工具)来修剪图片，在该案例中要重点掌握裁剪工具相关参数的含义。

2.5.6　举一反三

打开图 2.91 左图所示的图片，使用 □(裁剪工具)将其处理成图 2.91 右图所示的效果。

图 2.91

2.6　切片工具与切片选取工具

2.6.1　案例效果

本案例的效果图如图 2.92 所示。

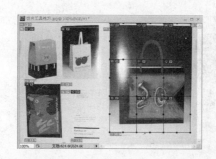

图 2.92

2.6.2　案例目的

通过该案例的学习，使读者熟练掌握 ✐(切片工具)与 ✐(切片选取工具)的使用。

2.6.3　案例分析

本案例主要介绍 ✐(切片工具)与 ✐(切片选取工具)的作用和使用方法，该案例的制作比较简单，大致是首先介绍 ✐(切片工具)属性栏，然后使用 ✐(切片工具)创建切片，之后介绍 ✐(切片选取工具)属性栏，最后使用切片选取工具选取切片。

2.6.4　技术实训

1.　切片工具属性栏

✐(切片工具)的主要作用是将一张图片切成若干份，主要用于制作网页。选择工具箱中的 ✐(切片工具)，工具选项栏如图 2.93 所示。

图 2.93

对图 2.93 ✐(切片工具)选项栏中部分选项说明如下。

(1) 样式：用来确定切片的方式，有【正常】、【固定长宽比】、【固定大小】3 种。如果选择【正常】选项，则可以通过拖动鼠标指针来确定切片的比例；如果选择【固定长宽比】选项，则可以在【高度】与【宽度】文本框中设置切片的比例，即输入整数或小数作为长宽比；如果选择【固定大小】选项，则可以在【宽度】和【高度】文本框中输入整数像素值来指定切片的宽度和高度。

(2) 如果图像中有参考线， 基于参考线的切片 按钮变成为 基于参考线的切片 可用状态，此时只要单击该按钮，即可创建基于参考线的切片。

2.　使用切片工具创建切片

(1) 打开如图 2.94 所示的图片。

(2) 选择工具箱中的 ✐(切片工具)，工具选项栏的设置如图 2.95 所示。

45

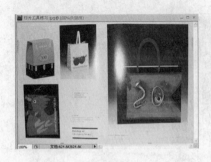

图 2.94 图 2.95

(3) 在画面中需要切片的地方拖动鼠标,如图 2.96 所示,松开鼠标后的效果如图 2.97 所示。

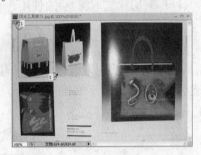

图 2.96 图 2.97

说明: 从图 2.97 中可以看出,第一个切片的编号就为 03,这是因为在创建切片的同时还创建了自动切片。默认设置时自动切片是看不到的,被隐藏起来了,如果要自动显示切片,可以通过切片选取工具来实现。

(4) 用同样的方法创建其他切片,最终效果如图 2.98 所示。

图 2.98

3. ✂(切片选取工具)属性栏

✂(切片选取工具)的作用是选择已创建的切片,以便对被选取的切片进行编辑。选择工具箱中的 ✂(切片选取工具),工具选项栏如图 2.99 所示。

图 2.99

对图 2.99 所示工具选项栏中的部分选项说明如下。

⬤⬤⬤⬤按钮：堆叠顺序选项按钮，用户可以改变切片的堆叠顺序，方法是单击需要更改的切片，然后在选项栏中单击堆叠顺序选项(⬤置为顶层、⬤前移一层、⬤后移一层、⬤置为底层)。

提升按钮：如果图像中显示了自动切片，选择其中的一个自动切片后，此时 提升 按钮成为 提升 可用状态，单击鼠标即可将该自动切片转换为用户切片。

划分...按钮：单击该按钮就会弹出如图 2.100 所示的【划分切片】对话框，用户可以根据需要设置对话框。

隐藏自动切片按钮：单击该按钮即可将自动切片隐藏起来，此时 隐藏自动切片 按钮变成 显示自动切片 状态，如果再单击 显示自动切片 按钮，又可以将自动切片显示出来。

▤按钮：单击该按钮会弹出如图 2.101 所示的【切片选项】对话框。对【切片选项】对话框中的部分选项说明如下。

图 2.100　　　　　　　　　　　　图 2.101

切片类型(S)：该列表框包括有图像和无图像两种类型。

第一种，【图像】切片包含图像数据，这是默认的类型。

第二种，【无图像】切片包含纯色或 HTML 文本。

名称(N)：在该文本框中显示切片的名称，可以对其进行修改。

URL(U)：在该文本框中输入需要超链接的网页地址，如在文本框中输入 025520_ling@163.com 等。

目标(R)：在该文本框中可以输入目标帧的帧名。

信息文本(M)：在该文本中输入在浏览器状态下所显示的内容。

Alt 标记(A)：在该文本框中可输入指定浏览器的替换文本。

尺寸：在该文本框中可输入切片的长、宽值和在图像中的坐标值。

切片背景类型(L)：在该下拉列表框中可以选择切片的背景颜色。

4. 使用 ⬥(切片选取工具)选取切片

(1) 单击 ⬥(切片选取工具)选项栏中的 显示自动切片 按钮，即可显示自动切片，如图 2.102 所示。

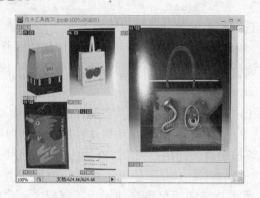

图 2.102

(2) 单击图像中的"13 切片",然后单击 提升 按钮,即可将该自动切片转为用户切片。

(3) 在"02 切片"上单击,然后单击切片选项栏中的 划分... 按钮,【划分切片】对话框的设置如图 2.103 所示,单击 确定 按钮,即可得到如图 2.104 所示的效果。

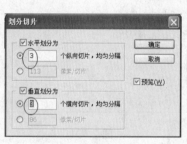

图 2.103

图 2.104

(4) 将图像切片转换为无图像切片的步骤如下。

① 单击"02 切片",在 (切片选取工具)选项栏中单击 按钮,弹出如图 2.105 所示的【切片选项】对话框。

② 在【切片类型】下拉列表框中选择【无图像】选项,此时【切片选项】对话框变成如图 2.106 所示的对话框,单击 确定 按钮。

图 2.105

图 2.106

2.6.5　案例小结

该案例主要介绍了 ✂(切片工具)与 ✎(切片选取工具)的作用和使用方法，在该案例中要重点掌握 ✂(切片工具)的使用方法。

2.6.6　举一反三

打开图 2.107 左图所示的图片，使用本案例所使用的方法将其处理成图 2.107 右图所示的效果。

图 2.107

2.7　仿制图章工具与图案图章工具

2.7.1　案例效果

本案例的效果图如图 2.108 所示。

图 2.108

2.7.2　案例目的

通过该案例的学习，使读者熟练掌握 🖃(仿制图章工具)与 🖃(图案图章工具)。

2.7.3　案例分析

本案例主要介绍 🖃(仿制图章工具)与 🖃(图案图章工具)的作用和使用方法，该案例的制作比较简单，大致是首先介绍 (仿制图章工具)属性栏，然后是使用 (仿制图章工具)仿制图像，之后介绍 (图案图章工具)属性栏，最后使用 (图案图章工具)绘画。

2.7.4　技术实训

1. (仿制图章工具)属性栏

(仿制图章工具)的主要作用是将图像的某部分复制到图像的其他位置或复制到另一个文件中，选择工具箱中的 (仿制图章工具)，其工具属性选项栏如图 2.109 所示。

图 2.109

对图 2.109 (仿制图章工具)属性选项栏中部分选项说明如下。

画笔：用来定义画笔的样式、大小、硬度值。单击画笔右边的 按钮，就会弹出如图 2.110 所示的下拉列表。

模式：用来定义画笔的仿制模式，共提供了 26 种仿制模式，用户可以根据需要来选择。

不透明度：用来设置仿制图像的透明度。

流量：用来控制仿制时的墨水浓度，值越小仿制图像的颜色越浅，反之越深。

：单击 (仿制源)按钮，弹出如图 2.111 所示的【仿制源】设置对话框，用户可以根据自己的需要进行设置。

2. 使用 (仿制图章工具)仿制图像

(1) 打开如图 2.112 所示的图片。

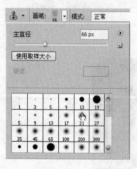

图 2.110

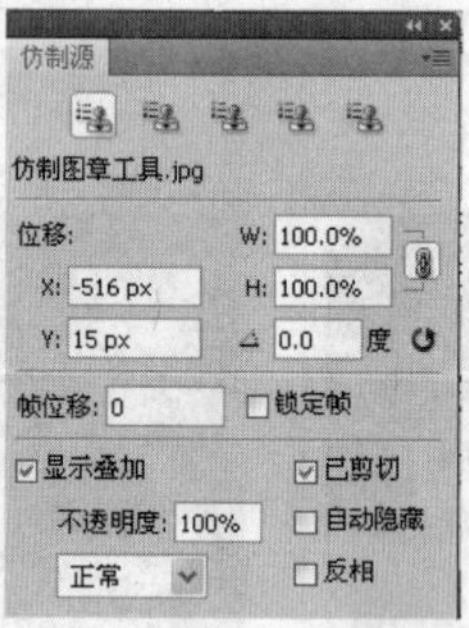

图 2.111

图 2.112

(2) 选择工具箱中的 (仿制图章工具)，其工具选项栏如图 2.113 所示。

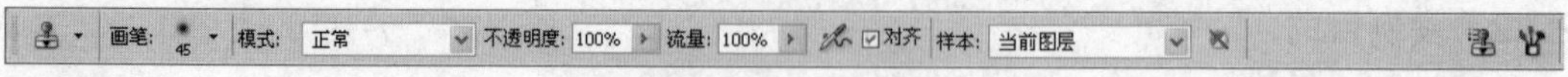

图 2.113

(3) 按住 Alt 键的同时在图像中需要仿制图像的地方单击，获得取样点，然后在目标位置按住鼠标左键不放拖动鼠标，如图 2.114 所示，直到将图像仿制完成为止，效果如图 2.115 所示。

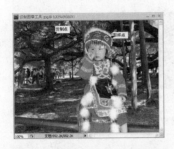

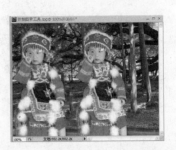

图 2.114

图 2.115

(4) 重新设置(仿制图章工具)的工具选项栏，如图 2.116 所示。将鼠标指针移到图像中的适当位置进行拖动，最终效果如图 2.117 所示。

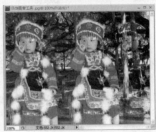

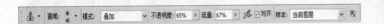

图 2.116

图 2.117

说明： 以上操作是在同一文件中实现的，用户也可以在不同的文件中仿制图像，不过要先在该图像中取样，然后在其他文件中拖动鼠标指针才能将图像仿制到其他文件中。

3. (图案图章工具)选项栏

(图案图章工具)的作用是使用图案来绘画，用户可以从图案库中选择图案，也可以用自己创建的图案。选择工具箱中的(图案图章工具)，其工具选项栏如图 2.118 所示。

图 2.118

(图案图章工具)选项栏与(仿制图章工具)选项栏的设置差不多，只多了和印象派效果两个选项。用来选择画笔图案，如果印象派效果前面的复选框被打上了“√”，则可以绘制出印象派效果的图案。

4. 使用(图案图章工具)绘画

(1) 选择工具箱中的(图案图章工具)，(图案图章工具)选项栏的设置如图 2.119 所示。

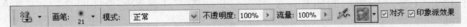

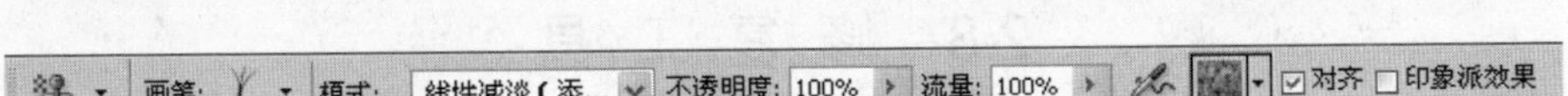

图 2.119

(2) 在图像中需要绘制图像的地方进行拖动鼠标指针，最终效果如图 2.120 所示。

图 2.120

(3) 重新设置 选项栏，如图 2.121 所示，在图像中需要绘制图像的地方拖动鼠标指针，最终效果如图 2.122 所示。

图 2.121

图 2.122

2.7.5 案例小结

该案例主要介绍了 与 的使用，在该案例中要重点掌握这两种工具属性栏参数的综合设置。

2.7.6 举一反三

打开图 2.123 左图所示的图片，使用本节介绍的方法将其处理成图 2.123 右图所示的效果。

图 2.123

2.8 修 复 工 具

2.8.1 案例效果

本案例的效果图如图 2.124 所示。

图 2.124

2.8.2 案例目的

通过该案例的学习，使读者熟练掌握修复工具的使用。

2.8.3 案例分析

本案例主要介绍修复工具的使用方法，该案例的制作比较简单，大致是首先使用 ✐(污点修复画笔工具)修复图像，然后使用 ✐(修复画笔工具)修复图像，之后使用 ◌(修补工具)修复图像，最后使用 ✏(红眼工具)修复图像。

2.8.4 技术实训

修复工具主要包括 ✐(污点修复画笔工具)、✐(修复画笔工具)、◌(修补工具)和 ✏(红眼工具)。它的主要作用是修补图片的划伤或其他缺陷，还可以对样本像素的纹理、光照和阴影与源像素进行匹配，从而使修复后的像素不留痕迹地融入图像的其余部分。

1. 使用 ✐(污点修复画笔工具)修复图像

(1) 打开如图 2.125 所示的图片。

(2) 选择工具箱中的 ✐(污点修复画笔工具)，工具选项栏的设置如图 2.126 所示。

图 2.125   图 2.126

(3) 将鼠标指针移到需要修复的黑色点上单击，即可修复图像，最终效果如图 2.127 所示。

2. 使用 ✐(修复画笔工具)修复图像

(1) 打开如图 2.128 所示的图片。

图 2.127

图 2.128

(2) 选择工具箱中的 (修复画笔工具)，单击工具选项栏中的 ▼ 按钮，修复画笔工具设置框的具体设置如图 2.129 所示。

(3) (修复画笔工具)选项栏的具体设置如图 2.130 所示。

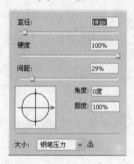

图 2.129

图 2.130

(4) 按住 Alt 键的同时，将鼠标指针移到画中，此时鼠标指针变成 ⊕ 形状，在需要取样的地方单击即可完成取样。

(5) 在需要修复的地方按住鼠标左键的同时移动鼠标，达到要求时松开鼠标即可完成图像修复，效果如图 2.131 所示。

图 2.131

说明：如果工具选项栏中的【对齐】复选框被打上"√"，那么即使松开鼠标左键，当前取样点也不会丢失，无论多少次停止和继续绘画，都可以连续应用样本像素。

3. 使用 (修补工具)修复图像

(1) 打开如图 2.132 所示的图片。

(2) 选择工具箱中的 (修补工具)，其选项栏的设置如图 2.133 所示。

图 2.132 　　　　　　　　　　　　　　　图 2.133

(3) 将鼠标指针移到图像中，框选需要修补的图像，如图 2.134 所示。

(4) 将框选的图像拖到需要修补的地方松开鼠标，即可将其复制到需要修补的地方，并且两者能很好地融合在一起，如图 2.135 所示。

图 2.134 　　　　　　　　　　　　　　　图 2.135

(5) 方法同第 4 步，再将鼠标指针拖到需要修补的地方，松开鼠标按键，效果如图 2.136 所示。

(6) 按 Ctrl+D 组合键即可得到如图 2.137 所示的效果。

图 2.136 　　　　　　　　　　　　　　　图 2.137

4. 使用 (红眼工具)工具修复图像

(1) 打开如图 2.138 所示的图片。

(2) 选择工具箱中的 (红眼工具)，工具选项栏的设置如图 2.139 所示。

(3) 将鼠标指针移到图像上的红点处单击，即可将红色点去掉，最终效果如图 2.140 所示。

图 2.138 　　　　　　　　　图 2.139 　　　　　　　　　图 2.140

2.8.5 案例小结

该案例主要介绍了各个修复工具的使用方法，在该案例中要重点掌握各个修复工具的各个参数设置和使用方法。

2.8.6 举一反三

打开图 2.141 左图所示的图片，使用本案例的方法将其处理成图 2.141 右图所示的效果。

图 2.141

2.9 绘 画 工 具

2.9.1 案例效果

本案例的效果图如图 2.142 所示。

图 2.142

2.9.2 案例目的

通过该案例的学习，使读者熟练掌握绘画工具的使用。

2.9.3 案例分析

本案例主要介绍绘画工具的使用方法，该案例的制作比较简单，大致是首先使用 ✐(画笔工具)绘制小和尚，然后使用 ✐(铅笔工具)绘制小鸟，之后使用 ✐(颜色替换工具)对图像进行颜色替换。

2.9.4 技术实训

Photoshop CS4 的绘画工具主要包括 ✐(画笔工具)、 ✐(铅笔工具)和 ✐(颜色替换工具)。绘画工具的主要作用是让用户用当前的前景色进行绘画。在 Photoshop CS4 的默认情况下，画笔工具用来创建颜色柔描边，而铅笔工具用来创建硬描边手画线，可以通过设置画笔选项来改变默认设置，还可以将画笔用作喷枪对图像进行喷色。

1. 使用 ✐ (画笔工具)绘制小和尚

(1) 新建一个名为"小和尚.PSD"的文件。

(2) 选择工具箱中的 ✐ (画笔工具)，工具选项栏的设置如图 2.143 所示。

图 2.143

(3) 设置前景色为黑色。在画面中绘制如图 2.144 所示的图像。

(4) 设置前景色为 R：245、G：208、B：101。并选择合适的画笔，在图像中需要的地方进行涂抹，效果如图 2.145 所示。

(5) 设置前景色为 R：84、G：112、B：162。并选择合适的画笔，在图像中需要的地方进行涂抹，效果如图 2.146 所示。

(6) 设置前景色为 R：243、G：123、B：47。并选择合适的画笔，在图像中需要的地方进行涂抹，效果如图 2.147 所示。

图 2.144   图 2.145   图 2.146   图 2.147

(7) 设置前景色为 R：120、G：34、B：33。并选择合适的画笔，在图像中需要的地方进行涂抹，效果如图 2.148 所示。

(8) 设置前景色为黑色。并选择合适的画笔，在图像中需要的地方进行涂抹，效果如图 2.149 所示。

(9) 设置前景色为 R：77、G：79、B：128。并选择合适的画笔，在图像中需要的地方进行涂抹，效果如图 2.150 所示。

(10) 设置前景色为 R：174、G：186、B：227。并选择合适的画笔，在图像中需要的地方进行涂抹，效果如图 2.151 所示。

图 2.148   图 2.149   图 2.150   图 2.151

(11) 设置前景色为 R：206、G：153、B：37。并选择合适的画笔，在图像中需要的地方进行涂抹，效果如图 2.152 所示。

(12) 设置前景色为 R：194、G：26、B：48。并选择合适的画笔，在图像中需要的地方进行涂抹，效果如图 2.153 所示。

(13) 设置前景色为 R：82、G：156、B：219。并选择合适的画笔，在图像的边缘进行涂抹，效果如图 2.154 所示。

图 2.152

图 2.153

图 2.154

(14) 保存所绘制的图像。

2.使用 (铅笔工具)绘制小鸟

(1) 新建一个名为"小鸟.PSD"的文件。

(2) 选择工具箱中的 (铅笔工具)，设置前景色为灰色。 (铅笔工具)选项栏的设置如图 2.155 所示。

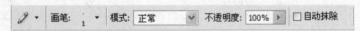

图 2.155

(3) 在画面中绘制如图 2.156 所示的图像。

(4) 设置前景色为 R：255、G：84、B：30，在画面中绘制如图 2.157 所示的图像。

(5) 设置前景色为 R：255、G：163、B：51，在画面中绘制如图 2.158 所示的图像。

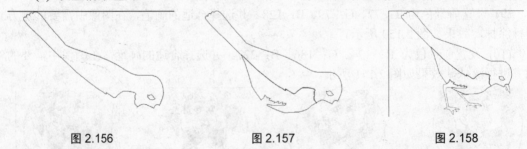

图 2.156   图 2.157   图 2.158

(6) 设置前景色为 R：153、G：153、B：155，在画面中绘制如图 2.159 所示的图像。

(7) 设置前景色为 R：65、G：183、B：42，在画面中绘制如图 2.160 所示的图像。

(8) 设置前景色为 R：80、G：130、B：62，在画面中绘制如图 2.161 所示的图像。

图 2.159　　　　　　　　　　图 2.160　　　　　　　　　　图 2.161

(9) 设置前景色为 R：184、G：76、B：243，在画面中绘制如图 2.162 所示的图像。

(10) 设置前景色为 R：106、G：155、B：103，在画面中绘制如图 2.163 所示的图像。

(11) 设置前景色为 R：217、G：216、B：218，在画面中绘制如图 2.164 所示的图像。

图 2.162　　　　　　　　　　图 2.163　　　　　　　　　　图 2.164

(12) 设置前景色为 R：94、G：93、B：94。单击工具箱中的 ✲ 魔棒工具，工具选项栏的设置如图 2.165 所示。在画面中需要选择的地方单击，即可选中图像，如图 2.166 所示。

图 2.165　　　　　　　　　　　　　　　图 2.166

(13) 单击菜单栏中的 编辑(E) 项，弹出下拉菜单，在下拉菜单中选择 填充(L)... 项，弹出【填充】对话框。具体设置如图 2.167 所示。单击 确定 按钮即可完成填充，效果如图 2.168 所示。

(14) 方法同第 11、12 步，只要改变前景色即可。最终小鸟效果如图 2.169 所示。

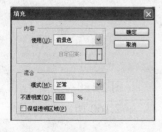

图 2.167　　　　　　　　　　图 2.168　　　　　　　　　　图 2.169

3. 使用 (颜色替换工具)对图像进行颜色替换

(1) 打开如图 2.170 所示的图片。

(2) 选择工具箱中的 (颜色替换工具)，前景色设置为蓝色，工具选项栏的设置如图 2.171 所示。

图 2.170   图 2.171

(3) 将鼠标指针移到画面中，按住鼠标左键不放的同时在画面中拖动鼠标指针，达到自己所要的效果为止，松开鼠标左键。所得最终效果如图 2.172 所示。

说明：使用 (颜色替换工具)时，可以通过改变工具选项栏中的模式来得到不同的效果。

例如：如图 2.173 和图 2.174 所示是相同的前景色的情况下，分别在"色相"、"饱和度"两种不同的状态下所得到的效果。

图 2.172   图 2.173   图 2.174

2.9.5 案例小结

该案例主要介绍了各个绘画工具的使用方法，在该案例中要重点掌握使用各个绘画工具绘制图形。

2.9.6 举一反三

使用绘画工具绘制如图 2.175 所示的图像效果。

图 2.175

2.10　图像修饰工具

2.10.1　案例效果

本案例的效果图如图 2.176 所示。

图 2.176

2.10.2　案例目的

通过该案例的学习，使读者熟练掌握图像修饰工具的使用。

2.10.3　案例分析

本案例主要介绍图像修饰工具的使用方法，该案例的制作比较简单，大致是首先介绍图像修饰工具，然后使用 （历史记录画笔工具）绘画，之后使用 （历史记录艺术画笔工具）绘制"毛"草房，然后使用 （模糊工具）模糊过渡强硬边缘，之后使用 （锐化工具）锐化图像，然后使用 （涂抹工具）对图片进行变形操作，之后使用 （减淡工具）画一个立体球，之后使用 （加深工具）将图像加深，最后使用 （海绵工具）为图像褪色。

2.10.4　技术实训

Photoshop CS4 中，图像修饰工具主要包括了 （仿制图章工具）、 （图案图章工具）、 （历史记录画笔工具）、 （历史记录艺术画笔工具）、 （模糊工具）、 （锐化工具）、 （涂抹工具）、 （减淡工具）、 （加深工具）和 （海绵工具）。

1. 图像修饰工具介绍

(1) （仿制图章工具）、 （图案图章工具）：这两个工具已经在案例 7 中详细介绍了，这里就不再叙述。

(2) （历史记录画笔工具）：主要功能是记录图像中的每一步操作，在【历史记录】面板上可以看到有关的执行动作。选择 （历史记录画笔工具），打开的属性选项栏如图 2.177 所示，

图 2.177

(3) (历史记录艺术画笔工具)：主要功能是通过设置【艺术画笔】面板中的不同参数和不同画笔样式来得到不同风格的笔触，使图像看起来成为不同风格的绘画艺术作品。选择(历史记录艺术画笔工具)，显示的该工具的属性选项栏如图 2.178 所示。

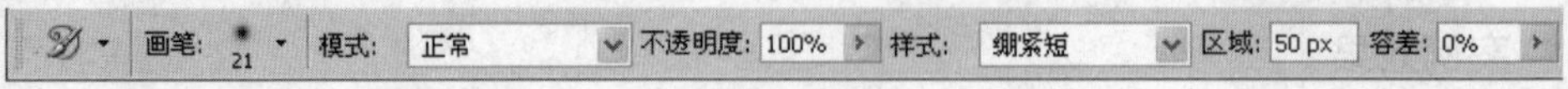

图 2.178

(4) (模糊工具)：主要功能是将图像变得柔和与模糊，对画幅图像拼贴时，(模糊工具)能使参差不齐的边界变得柔和并产生阴影效果，选择(模糊工具)，显示的工具的属性选项栏如图 2.179 所示。

图 2.179

(5) (锐化工具)：主要功能是使图像变得更清晰、色彩更鲜亮。选择(锐化工具)，显示的该工具的属性选项栏如图 2.180 所示。

图 2.180

① 强度：所控制的是"压力"值，其值越大，锐化的效果越明显。
② □对所有图层取样：用来设置对所有的图层有效，否则只对当前图层有效。

(6) (涂抹工具)：主要功能是产生一种水彩般的效果，跟用手指头在未干的画纸上涂抹的效果相似。选择(涂抹工具)，显示的该工具的属性选项栏如图 2.181 所示。涂抹工具的大小、软硬可通过单击涂抹选项栏中的 画笔 13 来选择，通常是在光标开始处的颜色与鼠标拖动处的颜色相混合而进行涂抹的。建议在使用时，最好沿着一个方向进行。选项栏中的强度和□对所有图层取样与△(锐化工具)选项栏的作用一样，这里就不再叙述。

图 2.181

(7) (减淡工具)：主要功能是改变图像的曝光度，对图像中局部曝光不足的区域，使用(减淡工具)使该区域的图像变亮。选择(减淡工具)，显示的该工具的属性选项栏如图 2.182 所示。

图 2.182

(8) (加深工具)：主要功能是改变图像的曝光度，对图像中局部曝光过度的区域，使用(加深工具)使该区域的图像变暗(稍微变黑)。选择(加深工具)，显示的该工具的属性选项栏如图 2.183 所示。(减淡工具)和(加深工具)均使用相同的参数，曝光度值越大，减淡/加深的效果越强烈。同时还可以选择【画笔】面板中的刷子大小及软硬程度，软边刷子可以产生微弱的效果，而硬刷子可以产生更为强烈的效果。一般情况下使用较小的曝光度值和较柔软的刷子。

图 2.183

　　(9) ⬭(海绵工具)：主要功能是调整图像中颜色的浓度。选择⬭(海绵工具)，显示的该工具的属性选项栏如图 2.184 所示。⬭(海绵工具)可增加或减少局部图像的颜色浓度，需要增加浓度时，在⬭(海绵工具)属性选项栏的 模式 下拉列表框中选择 饱和 项；需减少颜色浓度时，则选择 降低饱和度 选项。

图 2.184

　　2.　使用🖌(历史记录画笔工具)绘画

　　(1) 打开如图 2.185 所示的两幅图片。

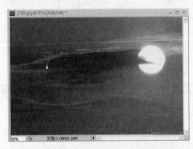

图 2.185

　　(2) 在工具箱中选择┿(选择移动工具)，将"夕阳.jpg"的图片拖到"箭神.jpg"文件中，图层为【图层 1】，如图 2.186 所示。调整好图片的位置，如图 2.187 所示。

　　(3) 在工具箱中选择🖌(历史记录画笔工具)，在画笔弹式调板中选择所需要的笔触，如图 2.188 所示。🖌(历史记录画笔工具)的工具属性选项栏设置如图 2.189 所示，在画面中的适当位置拖动鼠标指针，以显示历史记录的内容，效果如图 2.190 所示。

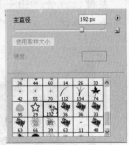

图 2.186　　　　　　　　　图 2.187　　　　　　　　　图 2.188

图 2.189   图 2.190

说明：在使用 时，属性选项栏中总共有 25 种选择模式。在处理图像时，选择不同的模式就可以得到不同的效果，至于每种模式的作用请参考第 3 章的详细介绍。

3. 使用 绘制"毛"草房

(1) 打开如图 2.191 所示的图片。

(2) 在工具箱中选择 ，该工具属性选项栏的设置如图 2.192 所示。

图 2.191   图 2.192

(3) 将鼠标指针移到画面中，按住鼠标左键的同时在画面中拖动，达到所要的效果时，松开鼠标即可(可以重复地进行此步骤的操作)。最终效果如图 2.193 所示。

说明：和 为文件打开时的状态记录，如果文件的尺寸大小发生改变，再使用这两个工具时，鼠标会变成 ![](形状。单击鼠标左键，就会弹出如图 2.194 所示的提示框。此时只要将文件保存并关闭，再打开该文件即可。

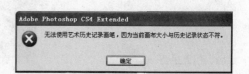

图 2.193   图 2.194

4.　使用 🖌️(模糊工具)模糊过渡强硬边缘

(1)　打开图像文件，如图 2.195 所示，将【图层 1】作为当前图层，如图 2.196 所示。

图 2.195　　　　　　　　　　　　　　　　　　　图 2.196

(2)　在工具箱中选择 🖌️(模糊工具)，工具属性选项栏的设置如图 2.197 所示。

(3)　将鼠标指针移到文件中，此时鼠标指针变为 ⭕ 状态，按住鼠标左键的同时，沿着人物的边缘进行涂抹，达到需要的效果后松开鼠标即可。最终效果如图 2.198 所示。

图 2.197　　　　　　　　　　　　　　　　　　　图 2.198

说明：使用 🖌️(模糊工具)进行模糊边缘处理时，工具属性选项中【模式】选项下还有【正常】、【变暗】、【变亮】、【色相】、【饱和度】、【颜色】、【亮度】7 个选项，读者可以根据需要选择相应的选项，从而获得满意的效果。

5.　使用 🔺(锐化工具)锐化图像

(1)　打开如图 2.199 所示的图片。

(2)　在工具箱中选择 🔺(锐化工具)，属性选项栏的设置如图 2.200 所示。

(3)　将鼠指针标移到画面中，按住鼠标左键的同时在画面上涂抹，直到获得所需要的效果后松开鼠标即可。最终效果如图 2.201 所示。

图 2.199　　　　　　　　　　　　图 2.200　　　　　　　　　　　　图 2.201

6. 使用  (涂抹工具)对图片进行变形操作

(1) 打开图像文件如图 2.202 所示。

(2) 在工具箱中选择  (涂抹工具)，属性选项栏的设置如图 2.203 所示。

(3) 将鼠标指针移到画面中，按住鼠标的同时拖动鼠标，可以重复地拖动，最终效果如图 2.204 所示。

图 2.202　　　　　　　　图 2.203　　　　　　　　图 2.204

7. 使用  (减淡工具)画一个立体球

(1) 新建一个文件，设置工具箱中的前景色为 R：6、G：125、B：186，背景色为白色，选择 (渐变工具)，并在选项中单击 (线性渐变)按钮，不选择【反向】复选框；在渐变拾色器中选择【前景到背景】渐变，如图 2.205 所示，然后按住 Shift 键并在画面中从上往下拖动鼠标，即可得到如图 2.206 所示的效果。

(2) 选择工具箱中的 (椭圆选框工具)，在画面中框选出如图 2.207 所示的选区，设定前景色为 R：250、G：128、B：8，然后按 Alt+Del 组合键填充前景色，效果如图 2.208 所示。

图 2.205　　　　　　图 2.206　　　　　　图 2.207　　　　　　图 2.208

(3) 选择工具箱中的 (减淡工具)，属性选项栏的设置如图 2.209 所示。

(4) 将鼠标指针移到画面中，按住鼠标左键的同时在画面中需要减淡的位置拖动鼠标指针，此操作可重复使用，效果如图 2.210 所示。按 Ctrl+D 组合键可取消选择，最终效果如图 2.211 所示。

图 2.209　　　　　　　　　　　图 2.210　　　　　　图 2.211

8. 使用 (加深工具)将图像加深

(1) 打开如图 2.212 所示的图片。

(2) 选择工具箱中的 (加深工具)，属性选项栏的设置如图 2.213 所示。

(3) 将鼠标指针移到画面中，按住鼠标左键的同时在画面中"黄花"处拖动鼠标，此操作可重复使用，最终效果如图 2.214 所示。

图 2.212   图 2.213   图 2.214

9. 使用 (海绵工具)为图像褪色

(1) 打开如图 2.215 所示的图片。

(2) 选择工具箱中的 (海绵工具)，属性选项栏的设置如图 2.216 所示。

(3) 将鼠标指针移到画面中，按住鼠标左键的同时在画面中"黄花"处拖动鼠标，此操作可重复使用，最终效果如图 2.217 所示。

图 2.215   图 2.216   图 2.217

(4) 重新设置 (海绵工具)属性选项栏，如图 2.218 所示。

(5) 将鼠标指针移到画面中，按住鼠标左键的同时在画面中"黄花"处进行拖动鼠标，此操作可重复使用，最终效果如图 2.219 所示。

图 2.218   图 2.219

2.10.5 案例小结

该案例主要介绍了各个图像修饰工具的使用方法，在该案例中要重点掌握 (历史记录画笔工具)和 (历史记录艺术画笔工具)的使用。其他工具只作了解即可。

2.10.6 举一反三

打开如图 2.220 左图所示的两张图片，制作成图 2.220 右图所示的效果。

图 2.220

2.11 擦除工具

2.11.1 案例效果

本案例的效果图如图 2.221 所示。

图 2.221

2.11.2 案例目的

通过该案例的学习，使读者熟练掌握擦除工具的使用。

2.11.3 案例分析

本案例主要介绍擦除工具的使用方法，本案例的制作比较简单，大致是首先是擦除工具的详细介绍，然后使用 ⬧(橡皮擦工具)擦除图像，之后使用 ⬧(背景橡皮擦工具)擦除图片，最后使用 ⬧(魔术橡皮擦工具)擦除图像。

2.10.4 技术实训

擦除工具的主要作用是擦除图像中不需要的部分。擦除工具主要包括 ⬧(橡皮擦工具)、⬧(背景橡皮擦工具)和 ⬧(魔术橡皮擦工具)。

1. 擦除工具的详细介绍

1) ⬧(橡皮擦工具)

主要功能是修改编辑区中的图像。如果把鼠标指针拖向可编辑区，其经过的路径都被涂上背景颜色以示擦除。在使用 ⬧(橡皮擦工具)前，要特别注意选择背景颜色，若发现有错，应立即选择【色板】面板上所需的颜色，再单击工具箱中的 ↳(转换前景色与背景色)按钮，然后重来。选择 ◢(橡皮擦工具)，在菜单栏下方显示的该工具的属性选项栏如图 2.222 所示。

图 2.222

2) ◢(背景橡皮擦工具)

主要功能是擦除图层中同色调的图像，以使其透明化，选择 ◢(背景橡皮擦工具)，显示的该工具的属性选项栏如图 2.223 所示。

图 2.223

对图 2.223 所示的 ◢(背景橡皮擦工具)属性栏中部分选项说明如下。

(1) **限制**：单击 限制 右边的 ∨ 图标，其下拉列表中包括【连续】、【不连续】和【查找边缘】3 个选项。【连续】的主要功能是擦除含样式和其他颜色的区域；【不连续】的主要功能是在图层中擦除样式；【查找边缘】的主要功能是擦除图像对象周围的样式，使对象更加突出。

(2) **容差**：主要功能是确定擦除颜色的相似程度。

(3) ◢(连续)：主要功能是当在图像中拖动鼠标指针时，经过的地方的颜色即可变为擦除颜色。

(4) ◢(一次)：主要功能是当在图像中拖动鼠标指针时，单击处的颜色即可变为擦除颜色，单击不同的颜色区域可使擦除颜色不同。

(5) ◢(取样：背景色板)：主要功能是使擦除的颜色同背景颜色一样。

3) ◢(魔术橡皮擦工具)

主要功能是擦除当前图层中所有相近的颜色，系统提供了相邻的和不相邻的两种选择方式。选择 ◢(魔术橡皮擦工具)，显示的该工具的属性选项栏如图 2.224 所示。

图 2.224

对图 2.224 所示的 ◢(魔术橡皮擦工具)属性栏中部分选项说明如下。

(1) **容差**：主要功能是定义被擦除颜色的波动范围(误差)。一个较低的误差范围值会使擦除的像素颜色跟鼠标单击处的像素颜色很接近，而一个较高的误差范围值则会使擦除的像素颜色在一个很大的范围内波动。

(2) **不透明度:100%**：主要功能是设置擦除像素颜色的透明性，100%的透明性能使擦除的像素颜色完全透明。

(3) **☑消除锯齿**：主要功能是使擦除区域的边缘变得光滑。

(4) **☑连续**：如果该复选框被打上"√"，则擦除的范围仅仅是与单击处的像素相连接的像素，否则擦除图层中所有与单击处的颜色相同的像素。

(5) □ 对所有图层取样：如果该复选框被打上"√"，则对所有可见图层取样，否则只对当前图层取样。

2. 使用 ⬚ (橡皮擦工具)擦除图像

(1) 打开如图 2.225、图 2.226 所示的图片。

图 2.225

图 2.226

(2) 选择工具箱中的 ⊕ (移动工具)，将"擦除工具 01.jpg"文件拖到"擦除工具 02.jpg"文件中，图层效果如图 2.227 所示，图片的位置如图 2.228 所示。

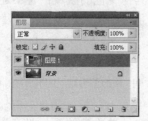

图 2.227

图 2.228

(3) 选择工具箱中的 ⬚ (橡皮擦工具)，属性选项栏的设置如图 2.229 所示。

图 2.229

(4) 将鼠标指针移到画面中，鼠标指针边成 ○ 状态，在需要擦除的地方按住鼠标左键的同时拖动鼠标。擦除后的效果如图 2.230 所示。

(5) 重复步骤(3)，调整 ⬚ (橡皮擦工具)工具属性选项栏中【画笔】的大小，对其进一步地擦除，最终效果如图 2.231 所示。

图 2.230

图 2.231

3. 使用 (背景橡皮擦工具)擦除图片

(1) 打开如图 2.232 所示的图片。

(2) 选择工具箱中的 (背景橡皮擦工具)，属性选项栏的设置如图 2.233 所示。

图 2.232

图 2.233

(3) 将鼠标指针移到画面的人物之外的任意地方，按住鼠标左键的同时拖动鼠标指针，擦除所需要的效果时松开鼠标，效果如图 2.234 所示。

(4) 改变 (背景橡皮擦工具)属性选项栏中的【画笔】大小，重复步骤(3)的操作，最终效果如图 2.235 所示。

图 2.234

图 2.235

4. 使用 (魔术橡皮擦工具)擦除图像

(1) 打开如图 2.236 所示的图片。

(2) 选择工具箱中的 (魔术橡皮擦工具)，其属性选项栏如图 2.237 所示。

图 2.236

图 2.237

(3) 将鼠标指针移到文件中的人物对象之外的地方单击，效果如图 2.238 所示。

(4) 按 Ctrl+Alt+Z 组合键，将刚擦除的图像恢复原状，如图 2.239 所示。

(5) 将 (魔术橡皮擦工具)属性选项栏中【容差】值设置为"40"，【连续】复选框打上"√"，将鼠标指针移到文件中人物对象之外的地方单击，最终效果如图 2.240 所示。

图 2.238   图 2.239   图 2.240

2.11.5 案例小结

该案例主要介绍了擦除工具的使用方法，在该案例中要重点掌握各个擦除工具的优点和缺点，能够灵活使用各个擦除工具。

2.11.6 举一反三

打开如图 2.241 左图所示的图片，制作成图 2.241 右图所示的效果。

图 2.241

2.12 渐变工具与油漆桶工具

2.12.1 案例效果

本案例的效果图如图 2.242 所示。

 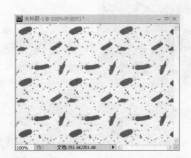

图 2.242

2.12.2 案例目的

通过该案例的学习，使读者熟练掌握▧(渐变工具)与🪣(油漆桶工具)的使用。

2.12.3　案例分析

本案例主要介绍███(渐变工具)与███(油漆桶工具)的使用方法,该案例的制作比较简单,大致是首先介绍渐变工具与油漆桶工具属性栏,然后使用███(渐变工具)制作百叶窗效果,最后使用███(油漆桶工具)填充图案。

2.12.4　技术实训

1. 渐变工具与███(油漆桶工具)属性栏

1) 渐变工具

渐变工具主要包括███(线性渐变工具)、███(径向渐变工具)、███(角度渐变工具)、███(对称渐变工具)和███(菱形渐变工具)。利用渐变工具可以在图像中填入层次连续变化的颜色,以达到一种色彩渐变的图像效果。使用渐变工具时,要先在图像中选定插入点,再将鼠标指针从渐变的起点拖到终点,便可依照选定的颜色产生所需要的渐变效果。

███(渐变工具)的主要作用是对图像产生不同颜色的渐变效果。选择工具箱中的███(渐变工具),在菜单栏的下方显示███(渐变工具)属性选项栏,如图2.243所示。

图2.243

对图2.243所示的渐变工具属性选项栏中的部分选项说明如下。

(1) 不透明度:100%▶:主要功能是设置渐变的不透明性,值越大透明性越差。

(2) ☑透明区域:主要功能是确定是否采用设置颜色的方向渐变颜色。如该复选框被打上"√",则采用渐变蒙版绘制,否则不采用。

(3) □反向:主要功能是确定是否采用设置颜色的方向渐变颜色。如该复选框被打上"√",则采用反向渐变,否则不采用。

(4) ☑仿色:主要功能是确定是否采用设置颜色的仿色渐变。如该复选框被打上"√",则采用仿色渐变,否则不采用。

(5) ███:主要作用是选择渐变样式和设置渐变色。单击███中的▼按钮,弹出如图2.244所示的窗口,在该窗口中可以选择各种渐变方式。如果单击███中的███渐变缩图,将弹出【渐变编辑器】窗口,如图2.245所示。

图2.244

图2.245

2) 油漆桶工具

(油漆桶工具)的主要功能是给相似的区域或任何一个封闭的区域填充前景色或者图案等。选择工具箱中的(油漆桶工具)，在菜单栏的下方显示(油漆桶工具)属性选项栏，如图 2.246 所示。

图 2.246

对图 2.246 所示的油漆桶工具属性栏中的部分选项说明如下。

(1) 容差: 32 : 主要功能是设定色差的范围，数值越大，容差越大，填充的区域就越大。

(2) □ 所有图层: 主要功能是确定是否对所有的图层进行填充，如果该复选框被打上"√"，就对所有图层进行填充，否则只对当前图层进行填充。

(3) 前景 : 主要功能是确定用前景色填充还是用图案填充。如果为 前景，则用前景色填充；如果为 图案，即用图案进行填充。

(4) 模式: 正常 : 系统提供了 20 多种填充模式，用户可以根据需要选择不同的模式。

(5) ☑ 连续的: 主要功能是确定是否对与选取点颜色相同的不相连区域进行填充。如果前面被打上"√"，则对与选取点颜色相同且相连的区域进行填充；否则只对与选取点颜色相同的所有区域进行填充。

(6) ☑ 消除锯齿: 主要功能是确定是否对填充图案进行消除锯齿处理。如果该复选框被打上"√"，则对填充图案进行消除锯齿处理，否则不进行消除锯齿处理。

2. 使用 ■(渐变工具)制作百叶窗效果

(1) 打开如图 2.247 所示的图片。

(2) 设定前景色和背景色都为 R: 221、G: 254、B: 255，然后选择 ■(渐变工具)，并在 ■(渐变工具)属性选项栏中单击 按钮，弹出【渐变编辑器】窗口，在其中选择【前景色到背景色渐变】选项，如图 2.248 所示。

(3) 在渐变条的上方 9% 的位置处单击，以添加一个不透明性色标，然后在【不透明度】文本框中输入"0"，如图 2.249 所示。

图 2.247   图 2.248   图 2.249

(4) 在渐变条上方 10%的位置处单击，再添加一个不透明性色标，设置它的【不透明度】
为 "100%"，如图 2.250 所示。这样连续在 19%的位置处添加一个【不透明度】为 "0%"
的不透明性色标，在 20%处添加一个【不透明度】为 "100%" 的不透明性色标，如图 2.251
所示，在 29%处添加一个【不透明度】为 "0%" 的不透明性色标，在 30%处添加一个【不
透明度】为 "100%" 的不透明性色标……直至在 89%处添加一个【不透明度】为 "0%" 的不
透明性色标，在 90%处添加一个【不透明度】为 "100%" 的不透明性色标，如图 2.252 所示。

图 2.250

图 2.251

(5) 在【渐变编辑器】窗口中单击 确定 按钮，然后在 ▇(渐变工具)属性选项栏中
单击 ▇(渐变工具)按钮，其他选项采用默认设置。将鼠标移到画面中，在按住 Shift 键的同
时从画面的顶端中间位置开始，按住鼠标左键往下拖到画面的底端中间位置松开，最终效
果如图 2.253 所示。

图 2.252

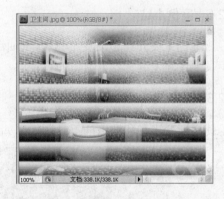
图 2.253

3. 使用 ▇(油漆桶工具)填充图案

(1) 新建一个宽 400 像素、高 300 像素的文件。选择工具箱中的 ▇(油漆桶工具)，在 ▇(油
漆桶工具)的属性选项栏的【填充】下拉列表中选择【图案】，单击【图案拾色器】右边的▾按

钮，在下拉列表中单击 ▶ 按钮，在弹出的下拉列表中选择 彩色纸 命令，如图 2.254 所示，此时弹出如图 2.255 所示的对话框，单击【确定】按钮，在样式框中选择如图 2.256 所示的样式。

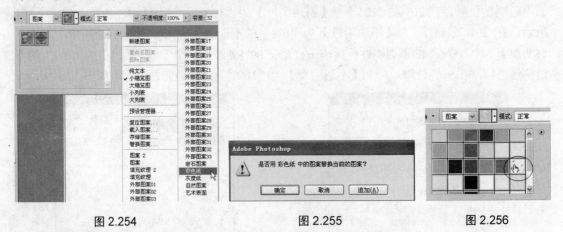

图 2.254   图 2.255   图 2.256

(2) 将鼠标移到文件中单击，即可得到如图 2.257 所示的图像。

(3) 重新设置 🛢(油漆桶工具)的属性选项栏，如图 2.258 所示。

(4) 将前景色设置为"蓝色"，然后在图像中的任意一个图标上单击，即可得到如图 2.259 所示的图案。

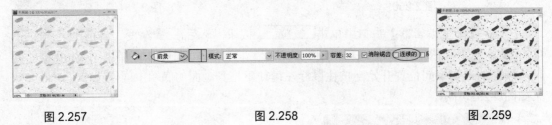

图 2.257   图 2.258   图 2.259

2.12.5　案例小结

该案例主要介绍了渐变工具和 🛢(油漆桶工具)的使用方法，在该案例中要重点掌握渐变工具中【渐变编辑器】窗口的设置。

2.12.6　举一反三

使用渐变工具和油漆桶工具制作出如图 2.260 所示的效果。

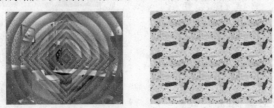

图 2.260

提示：重复使用渐变工具和 🛢(油漆桶工具)。

2.13　路 径 工 具

2.13.1　案例效果

本案例的效果图如图 2.261 所示。

图 2.261

2.13.2　案例目的

通过对该案例的学习，读者应熟练掌握路径工具的使用。

2.13.3　案例分析

本案例主要介绍路径工具的使用方法，该案例的制作比较简单，大致是首先介绍路径工具，然后介绍如何使用 ♦(钢笔工具)绘制路径，接着介绍如何使用 ►(转换锚点工具)和 ►(直接选择工具)操作路径，之后介绍路径的描边与填充，最后介绍 ▣ 切换画笔调板的使用。

2.13.4　技术实训

1. 路径工具介绍

路径是由一个或多个路径(由一个或多个锚点连接起来的集合)组成的。路径的主要功能是用于长期存储简单的蒙版(因为路径占用的磁盘空间比基于像素的形状数据量少)；剪切部分图像，导出到插图或排到应用程序中；创建形状图层，并且形状中会自动填充当前的前景色，用户也可以根据实际需要使用其他颜色、渐变或图案来进行填充。在 Photoshop CS4 中，可以在图层中绘制多个形状，并指定重叠部分的形状如何相互作用，形状的轮廓存储在链接到图层的矢量蒙版中。

路径工具主要包括 ♦(钢笔工具)、 ♦(自由钢笔工具)、 ♦⁺(添加锚点工具)、 ♦⁻(删除锚点工具)、 ►(转换锚点工具)、 ►(路径选择工具)和 ►(直接选择工具)。对各工具的功能介绍如下。

(1) ♦(钢笔工具)：主要功能是创建精确的直线或平滑流畅的曲线，为用户提供最佳的绘图控制能力和绘图准确度。选择工具箱中的 ♦(钢笔工具)，显示 ♦(钢笔工具)属性选项栏，如图 2.262 所示。

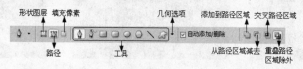

图 2.262

(2) ☝(自由钢笔工具)：主要功能是创建自由的直线或曲线。所绘制的直线或曲线精确度比☝(钢笔工具)创建的直线或曲线精确度低。☝(自由钢笔工具)的属性选项栏与☝(钢笔工具)的差不多，在此就不详细列出。

(3) ☝(添加锚点工具)：主要功能是为创建的直线路径或曲线添加锚点。

(4) ☝(删除锚点工具)：主要功能是为创建的直线路径或曲线路径删除锚点。

(5) ☝(转换锚点工具)：主要功能是将路径中的锐角点转换为平滑的曲线。

(6) ☝(路径选择工具)：主要功能是选择路径，以便对路径进行相关的操作。选择工具箱中的☝(路径选择工具)，显示出如图 2.263 所示的☝(路径选择工具)属性选项栏。

图 2.263

(7) ☝(直接选择工具)：主要功能是直接对路径中的单个锚点或路径段进行操作。

2. 使用☝(钢笔工具)绘制路径

(1) 打开一张图片，如图 2.264 所示。

(2) 选择工具箱中的☝(钢笔工具)，☝(钢笔工具)属性选项栏的设置如图 2.265 所示。

图 2.264   图 2.265

(3) 在画面中单击一点作为起点，然后移动指针到另一点单击以确定第 2 个点，如图 2.266 所示。

(4) 继续在画面中的其他地方单击就会得到折线，如图 2.267 所示。

(5) 当指针返回到起点时，指针变成☝状态，单击即可得到一个封闭的任意多边形，如图 2.268 所示。

图 2.266   图 2.267   图 2.268

3．使用 ∧ (转换锚点工具)、 ∧ (直接选择工具)操作路径

(1) 接着上面往下做。选择工具箱中的 ∧ (转换锚点工具)，将鼠标移到路径的一个锚点上，按住鼠标左键的同时拖动鼠标，如图 2.269 所示。

(2) 用同样的方法，使用 ∧ (转换锚点工具)对其他的点进行调整，最终效果如图 2.270 所示。

(3) 使用 ∧ (直接选择工具)，将鼠标放到需要移动的锚点上，在按住鼠标左键的同时进行位置的移动，最终效果如图 2.271 所示。

图 2.269

图 2.270

图 2.271

4．路径的描边与填充

(1) 接着上面往下做。选择工具箱中的 ∧ (路径选择工具)，在画面中选择路径，如图 2.272 所示。

(2) 在工具箱中设定前景色为 R：255、G：212、B：182，接着选择 ∕ (画笔工具)，将 ∕ (画笔工具)属性选项栏中的【画笔】设置为 画笔： 5 ﹣ 。

(3) 单击【路径】面板中的 按钮，在其下拉列表中选择 描边路径... 命令，弹出如图 2.273 所示的【描边路径】对话框，单击 确定 按钮，效果如图 2.274 所示。

图 2.272

图 2.273

图 2.274

(4) 在【路径】面板中灰色处单击，最终效果如图 2.275 所示。

(5) 填充路径。选择路径，单击【路径】面板中的 按钮，在其下拉列表中选择 填充路径... 命令，弹出如图 2.276 所示的【填充路径】对话框，单击 确定 按钮，效果如图 2.277 所示。

图 2.275	图 2.276	图 2.277

5. （切换画笔调板)的使用

(1) 接着上面往下做。选择工具箱中的（画笔工具)，单击（画笔工具)的属性选项栏中的（切换画笔调板)图标，打开如图 2.278 所示的界面。

(2) 根据需要调整界面中的各个选项，最终效果如图 2.279 所示。

(3) 单击界面右上角的 按钮，关闭该界面。

(4) 单击【路径】面板中的 工作路径 图层，将路径显示出来，然后选择工具箱中的（路径选择工具)，在画面中选择路径，如图 2.280 所示。

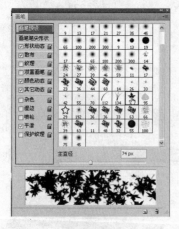
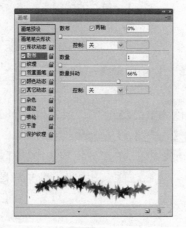

图 2.278	图 2.279	图 2.280

(5) 单击【路径】面板中的 按钮，在其下拉列表中选择 描边路径... 命令，弹出如图 2.281 所示的【描边路径】对话框，单击 确定 按钮，效果如图 2.282 所示。

(6) 在【路径】面板中的灰色处单击，最终效果如图 2.283 所示。

图 2.281	图 2.282	图 2.283

2.13.5　案例小结

该案例主要介绍了路径工具的使用方法，在该案例中要重点掌握路径的创建、路径的修改、路径描边和路径填充。

2.13.6　举一反三

打开图 2.284 左图所示的图片，制作成图 2.284 右图所示的效果。

图 2.284

2.14　文 字 工 具

2.14.1　案例效果

本案例的效果如图 2.285 所示。

H_2O 2^2

图 2.285

2.14.2　案例目的

通过对该案例的学习，读者应熟练掌握文字工具的使用。

2.14.3　案例分析

本案例主要介绍文字工具的使用方法，大致是首先介绍如何创建文字图层，然后介绍如何创建变形文字，之后介绍如何创建段落文字，然后是设置文本段落格式，之后是格式化字符操作，最后介绍如何使用横排/直排文字蒙版工具。

2.14.4　技术实训

文字工具主要包括 **T**(横排文字工具)、**IT**(直排文字工具)、**▉**(横排文字蒙版工具)和**▉**(直排文字蒙版工具)，其功能是在图像中创建各种形状的文字或文字蒙版图层。

当向图像中添加文字时，字符由像素组成，并且与图像文件具有相同的分辨率，字符放大后会显示锯齿状边缘。Photoshop CS4 保留基于矢量的文字轮廓，并在用户缩放文字、调整文字大小、存储 PDF 或 EPS 文件或打印图像时使用，因此生成的文字可能带有清晰的、与分辨率无关的边缘。

1. 创建文字图层

(1) 新建一个宽 400 像素、高 300 像素的文件，将任务栏中的输入法切换到中文输入法。

(2) 选择 T(横排文字工具)，在文件中单击，文件会出现一个闪烁的插入符号，如图 2.286 所示。

(3) 直接输入文字"中国职业教育发展史"，如图 2.287 所示。

(4) 按住鼠标左键往左拖动，此时所有的文字呈反色显示，表示所有的文字都被选中，如图 2.288 所示。

| 图 2.286 | 图 2.287 | 图 2.288 |

(5) 设置 T(横排文字工具)属性选项栏如图 2.289 所示，单击 T(横排文字工具)属性选项栏中的 ✔ 按钮，文字效果如图 2.290 所示，文字的字体选择方法是单击文字工具属性选项栏中的 Adobe 黑体 Std 图标右边的 ✓ 按钮，在弹出的字体选择下拉列表中选择需要的字体。

| 图 2.289 | 图 2.290 |

2. 创建变形文字

(1) 接着上面往下做。在工具箱中选择 T(横排文字工具)，然后选中前面的文字"中国职业教育发展史"，单击 T(横排文字工具)属性选项栏中的 ⊥ 按钮，弹出【变形文字】对话框，如图 2.291 所示。

(2) 在【样式】中选择【旗帜】，具体设置如图 2.292 所示。单击对话框中的 确定 按钮，然后单击 T(横排文字工具)属性选项栏中的 ✔ 按钮，即可得到如图 2.293 所示的文字效果。

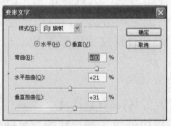

| 图 2.291 | 图 2.292 | 图 2.293 |

说明：变形文字中的其他样式和具体设置，可以按照前面介绍的方法多做练习，为以后熟
练制作各种文字形状打下基础。

3. 创建段落文字

(1) 新建一个宽 400 像素、高 400 像素的文件。在工具箱中选择 T (横排文字工具)或 IT (直排文字工具)。在画面中拖出一个文本框，如图 2.294 所示，在其中可以看到光标变得很大，那是因为前面设定的文字字体和字号较大等原因造成的。

(2) T (横排文字工具)属性选项栏的设置如图 2.295 所示。在文本框中单击并输入文字，如图 2.296 所示，可以看出文字还没有输入完，但是文本框中无法显示后面的文字了。

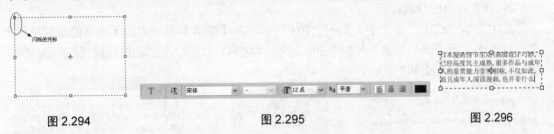

图 2.294　　　　　　　　　图 2.295　　　　　　　　　图 2.296

(3) 将鼠标移到文本框四角的控制点上将文本框拖大，如图 2.297 所示，然后输入未完成的内容，当要另起一段时，按 Enter 键即可，如图 2.298 所示。接着再输入所需要的内容，即可看到右下角的方框控制点成为田字方框，如图 2.299 所示。

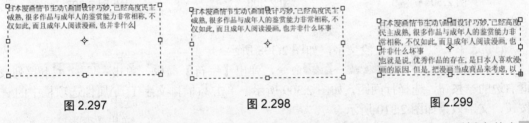

图 2.297　　　　　　　　　图 2.298　　　　　　　　　图 2.299

(4) 拖大文本框，即可看到刚才无法显示的内容，如图 2.300 所示。在选项栏中单击 ✔ 按钮，即可确认输入的文字，创建的段落文字如图 2.301 所示。

图 2.300　　　　　　　　　　　　　图 2.301

4. 设置文本段落格式

1) 设置段落首行缩进

(1) 接着上面往下做。选中上面所有的文字，如图 2.302 所示。

(2) 单击菜单栏中的 窗口(W) → 段落 命令，弹出【段落】面板，在 ▤ 0点 (首行缩进)文

本框中输入"24 点"，如图 2.303 所示。单击 T(横排文字工具)中的 ✔ 按钮，文字效果如图 2.304 所示。

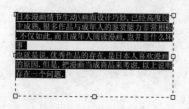

图 2.302　　　　　　　　　图 2.303　　　　　　　　　图 2.304

2）设置段落的段间距

选中文本中的第二段文字，如图 2.305 所示，在【段落】面板中的【段落前添加空格】文本框中输入所需要的数值，如图 2.306 所示。单击 T(横排文字工具)属性选项栏中的 ✔ 按钮，文字效果如图 2.307 所示。

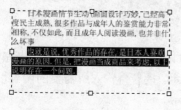

图 2.305　　　　　　　　　图 2.306　　　　　　　　　图 2.307

3）设置段落的行间距

(1) 选中文本中的第一段文字，如图 2.308 所示。

(2) 单击菜单栏中的 窗口(W) → 字符 命令，弹出【字符】面板，单击 (自动) 下拉列表框右边的 ✔ 按钮，选择行间距，如图 2.309 所示。单击 T(横排文字工具)属性选项栏中的 ✔ 按钮，文字效果如图 2.310 所示。

图 2.308　　　　　　　　　图 2.309　　　　　　　　　图 2.310

4）文本对齐

(1) 将文字设置为开始时的输入状态，将光标移到第一段文字的前面单击，即将光标移至"日"字前面，如图 2.311 所示，然后按 Enter 键另起一段，使最前面空出一段，如图 2.312 所示。

图 2.311　　　　　　　　　　　　　图 2.312

(2) 按↑键，光标此时移动到第一段处，输入文字标题，如图 2.313 所示。

(3) 显示【段落】面板，单击 ▤(居中文本)按钮，如图 2.314 所示，在文字工具属性选项中单击 ✔ 按钮，即可完成文本的对齐设置，最终效果如图 2.315 所示。

图 2.313　　　　　　　　　　图 2.314　　　　　　　　　　图 2.315

5. 格式化字符操作

在 Photoshop CS4 中可以精确地控制文字图层中的单个字符，包括字体、大小、颜色、字距微调、上标、下标、下划线、基线移动及对齐等。

下面将制作如图 2.316 所示的文字效果。

(1) 新建一个宽 300 像素、高 200 像素的文件。选择 T(横排文字工具)，在文件中输入如图 2.317 所示的文字。

(2) 显示【字符】面板。选中如图 2.318 所示的文字，单击【字符】面板中的 T₁ 按钮，在 T(横排文字工具)属性选项栏中单击 ✔ 按钮，得到如图 2.319 所示的效果。

(3) 选中如图 2.320 所示的文字，单击单击【字符】面板中的 T' 按钮，在 T(横排文字工具)属性选项栏中单击 ✔ 按钮，得到如图 2.321 所示的效果。

图 2.316　　　图 2.317　　　图 2.318　　　图 2.319　　　图 2.320　　　图 2.321

(4) 选中如图 2.322 所示的文字，单击【字符】面板中的 T̲ 按钮，在 T(横排文字工具)属性选项栏中单击 ✔ 按钮，得到如图 2.323 所示的效果。

(5) 选中如图 2.324 所示的文字，将【字符】面板中的【颜色】设置为"深红色"，在 T(横排文字工具)属性选项栏中单击 ✔ 按钮，得到如图 2.325 所示的效果。

图 2.322　　　　　　　图 2.323　　　　　　　图 2.324　　　　　　　图 2.325

(6) 选中如图 2.326 所示的文字，单击【字符】面板中的 ▼ 按钮，再单击文字工具属性选项栏中的 ✔ 按钮，得到如图 2.327 所示的效果。

图 2.326　　　　　　　　　　　　　　　　　　图 2.327

6. 使用横排/直排文字蒙版工具

使用横排/直排文字蒙版工具可创建文字选区，文字选区出现在当前图层中，并可像其他选区一样被移动、复制、填充或描边。

(1) 打开如图 2.328 所示的图片，选择工具箱中的 ▓(直排文字蒙版工具)，属性选项栏的设置如图 2.329 所示。

图 2.328　　　　　　　　　　　　　　　　　　图 2.329

(2) 在画面中单击并输入"快乐童年"文字，单击 ▓(直排文字蒙版工具)属性栏中的 ✔ 按钮，即可得到如图 2.330 所示的选区。

(3) 在键盘上按 Ctrl+C 组合键复制，按 Ctrl+V 组合键粘贴，即可得到【图层 1】图层，如图 2.331 所示。

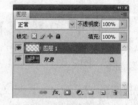

图 2.330　　　　　　　　　　　　　　　　　　图 2.331

(4) 在【图层】面板中双击【图层 1】图层(注意不要在文字和缩览图上双击)，弹出【图层样式】对话框，在需要的样式选项前面打上"√"，如图 2.332 所示，单击 ▭确定▭ 按钮，最终效果如图 2.333 所示。

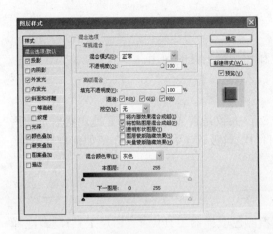

图 2.332　　　　　　　　　　　图 2.333

2.14.5　案例小结

该案例主要介绍了文字工具的使用方法，在该案例中要重点掌握文字图层的创建、段落文字的设置、格式化字符和文字蒙版工具的创建文字选区。

2.14.6　举一反三

打开图 2.334 左图所示的图片，制作成图 2.334 右图所示的效果。

图 2.334

2.15　注释和测量工具

2.15.1　案例效果

本案例的效果图如图 2.335 所示。

图 2.335

2.15.2 案例目的

通过对该案例的学习，读者应熟练掌握注释和测量工具的使用。

2.15.3 案例分析

本案例主要介绍注释和测量工具的使用方法，大致是首先介绍注释工具，然后是使用[]](注释工具)，之后介绍吸管工具，然后是如何使用 ，最后介绍如何使用 。

2.15.4 技术实训

注释和测量工具主要包括 、、、[]](注释工具)和![]¹²³(计数工具)。

1. 注释工具

该工具的主要作用是给 Photoshop CS4 中的文件附加注释查看和文件提示功能，只能在文件中阅读，打印时这些注释不会被打印出来。如果要使用语言注释，则要通过录音设备录制声音信息。

在 Photoshop CS4 中，注释可以放在文件中的任何位置。如果使用文字注释，将出现一个大小可调的窗口，供用户输入注释信息。在 Photoshop CS4 中只有 PDF 格式、表单数据格式(PDF)、Acrobat 文件格式才能导入这两种注释。

选择工具箱中的[]](注释工具)、[]](注释工具)属性选项栏如图 2.336 所示。

图 2.336

对图 2.336 所示的注释工具属性选项栏中的部分选项说明如下：

(1) ![作者：]：注释框的标题文字。

(2) ![颜色：]：注释标签和注释框的颜色。

(3) ![清除全部]：将文件中的所有注释删除。

2. 使用[]](注释工具)

(1) 打开如图 2.337 所示的图片。

(2) 选择工具箱中的[]](注释工具)，[]](注释工具)属性选项栏的设置如图 2.338 所示。

图 2.337

图 2.338

(3) 将鼠标移动到画面中的任意位置处单击，效果如图 2.339 所示。

(4) 在文本框中输入文字，如图 2.340 所示。

(5) 单击注释框右上角的 ▣ 按钮，即可将注释框关闭，如图 2.341 所示。

(6) 如果想查看注释，只要在文件中的 ▤ 图标上双击即可打开注释文本框。

图 2.339

图 2.340

图 2.341

(7) 如果不需要该注释，只要在 ▤ 图标上单击鼠标右键，在快捷菜单中选择 删除注释 命令即可。如果要删除文件中的所有注释，则 ▤ 图标上单击鼠标右键，在快捷菜单中选择 删除所有注释 命令即可，也可以直接单击该工具属性选项栏中的 清除全部 按钮。

3. 吸管工具

吸管工具的主要作用是采集色样以指定新的前景色或背景色，可以从当前图像或屏幕上的任意位置采集色样，还可以指定吸管工具的取样区域。各吸管工具的介绍如下：

选择工具箱中的 🖋(吸管工具)，在菜单栏的下方显示出 🖋(吸管工具)选项栏，如图 2.342 所示。

单击 取样点 右边的 ▾ 按钮，就会弹出如图 2.343 所示的下拉列表，用户可以根据需要选取需要的取样方式。

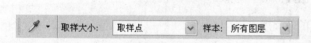

图 2.342

图 2.343

📏(标尺工具)的具体操作已经在第 1 章中作了详细介绍，这里就不再叙述。

其他工具的属性选项的具体设置和操作与 🖋(吸管工具)几乎一样，在这里就不再叙述。

4. 使用 🖋(吸管工具)

(1) 打开如图 2.344 所示的图片。

(2) 在工具箱中选择 🖋(吸管工具)，🖋(吸管工具)属性选项栏的设置如图 2.345 所示。

图 2.344

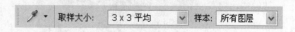
图 2.345

(3) 将(吸管工具)移动到画面中,在需要吸取的颜色处单击,工具箱中的前景色就变为单击处的颜色。

5. 使用 (颜色取样器工具)

(1) 接着上面往下做。在工具箱中选择 (颜色取样器工具), (颜色取样器工具)属性选项栏的设置如图 2.346 所示。

图 2.346

(2) 将 (颜色取样器工具)移到画面中,任意选取 4 个点,如图 2.347 所示。此时【信息】面板如图 2.348 所示。

注意: 如果在画面中已经选取了 4 个点,再选取第 5 个点时,就会弹出如图 2.349 所示的警告框。

图 2.347　　　　　　　　图 2.348　　　　　　　　图 2.349

(3) 此时的前景色就变成了这几个点的平均色。

2.15.5　案例小结

该案例主要介绍了注释和测量工具的使用方法,在该案例中要重点掌握使用注释工具创建注释、编辑注释等操作。

2.15.6　举一反三

打开图 2.350 左图所示的图片,给该图片添加图 2.350 右图所示的注释。

图 2.350

2.16　导航&3D 工具

2.16.1　案例效果

本案例的效果图如图 2.351 所示。

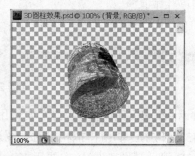

图 2.351

2.16.2　案例目的

通过该案例的学习，使读者熟练掌握导航&3D 工具的使用。

2.16.3　案例分析

本案例主要介绍导航&3D 工具的使用方法，大致是首先介绍 3D 工具，然后介绍 (抓手工具)与 (缩放工具)，最后是使用 3D 工具对图像进行操作。

2.16.4　技术实训

1. 3D 工具

3D 工具主要包括 (3D 旋转工具)、 (3D 滚动工具)、 (3D 平移工具)、 (3D 滑动工具)、 (3D 比例工具)、 (3D 环绕工具)、 (3D 滚动视图工具)、 (3D 平移视图工具)、 (3D 移动视图工具)和 (3D 缩放工具)。

1) 三维对象操作工具

各个工具的具体作用介绍如下。

单击工具箱中的 (3D 旋转工具)工具， (3D 旋转工具)属性选项栏如图 2.352 所示。

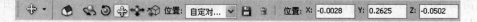

图 2.352

(1) (返回到初始对象位置)：主要作用是使对象复原到初始状态的位置。

(2) (3D 旋转工具)：主要作用是对三维对象进行旋转操作。

(3) (3D 滚动工具)：主要作用是对三维对象进行滚动操作。

(4) (3D 平移工具)：主要作用是对三维对象进行平移操作。

(5) ▣(3D 滑动工具)：主要作用是对三维对象进行滑动操作。

(6) ▣(3D 比例工具)：主要作用是对三维对象进行等比例的放大缩小。

(6) 位置: 自定对... ▾ ：单击 位置: 自定对... ▾ 右边的 ▾ 按钮，弹出下拉列表框，用户可以在该列表框中选择三维对象的视图显示方式。

(7) 缩放: X: 1   Y: 1   Z: 1 ：主要通过修改 3 个坐标值来修改三维对象的体积大小。

2) 视图操作工具

单击工具箱中的 ▣(3D 环绕工具)工具，▣(3D 环绕工具)属性选项栏如图 2.353 所示。

图 2.353

(1) ▣(返回到初始相机位置)：主要作用是使相机视图回复到初始操作状态。

(2) ▣(3D 环绕工具)：模拟相机对视图进行环绕操作。

(3) ▣(3D 滚动视图工具)：主要用来对视图进行滚动操作。

(4) ▣(3D 平移视图工具)：主要用来对视图进行平移操作。

(5) ▣(3D 移动视图工具)：主要用来对视图进行移动操作。

(6) ▣(3D 缩放工具)：主要根据物体近大远小的原理，对视图中的对象进行等比例的放大缩小。

(7) 视图: 正对相机 ▾ ：单击 视图: 正对相机 ▾ 右边的 ▾ 按钮，弹出下拉列表框，用户可以在该列表框中选择视图的显示方式。

(8) 方向: X: -90   Y: 0   Z: 180 ：主要通过修改 3 个坐标值来修改视图的显示方向。

2. ▣(抓手工具)与 ▣(缩放工具)

1) ▣(抓手工具)

抓手工具主要包括 ▣(抓手工具)和 ▣(旋转视图工具)。▣(抓手工具)主要用来对显示不完整的图片进行移动；▣(旋转视图工具)主要用来旋转视图。

这两个工具的操作方法很简单，在工具箱中选择相应的工具，将鼠标指针移到图像中，按住左键不放的同时进行移动即可。

2) ▣(缩放工具)

▣(缩放工具)的主要作用是对图像进行放大和缩小。该工具一般与 ▣(抓手工具)配合使用。当需要观看图像细节的时候，需要将图像进行放大，放大的图像超出了显示范围。此时就需要通过 ▣(抓手工具)移动来观看了，如果需要观看图像的整体时，则需要使用 ▣(缩放工具)对图像进行缩小操作。

3. 使用 3D 工具对图像进行操作

1) 使用三维对象操作工具进行操作

(1) 打开如图 2.354 所示的图片。

(2) 在工具箱中选择 ▣(3D 旋转工具)，将鼠标指针移到图片中，鼠标指针变成 ▣ 形状。

按住鼠标左键不放的同时进行上下左右移动，当物体对象达到自己需要的观看角度时松开鼠标即可。最终效果如图 2.355 所示。

(3) 单击 🌀(3D 旋转工具)属性栏中的 🔲(返回到初始对象位置)，使三维对象恢复到初始状态。如图 2.356 所示。

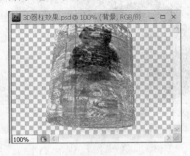
图 2.354

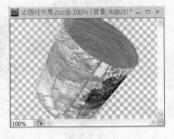
图 2.355

图 2.356

(4) 其他三维对象操作工具的使用方法基本差不多，在此就不再详细介绍。

2) 使用视图操作工具对视图进行操作

(1) 接着上面往下做。在工具箱中选择 🌀(3D 环绕工具)，将鼠标指针移到视图中，鼠标指针变成 ⬦状态。按住鼠标左键不放的同时进行移动，达到需要时松开鼠标即可。最终效果如图 2.357 所示。

(2) 在工具箱中选择 ⬦(3D 缩放工具)。将鼠标指针移到视图中，鼠标指针变成 ⬦状态。按住鼠标左键不放的同时进行向上移动(向上移动使对象远离视线，物体对象变小；向下移动使对象靠近视线，物体对象变大)，达到需要时松开鼠标即可。最终效果如图 2.358 所示。

(3) 单击 🔲(返回到初始相机位置)工具，使相机位置恢复到初始状态，如图 2.359 所示。

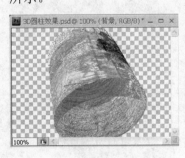
图 2.357

图 2.358

图 2.359

(4) 其他视图操作工具的使用方法基本差不多，在此就不再详细介绍。

2.16.5　案例小结

该案例主要介绍了导航&3D 工具的使用方法，在该案例中要重点掌握 3D 工具的作用和使用方法。

2.16.6　举一反三

打开图 2.360 左图所示的图片，使用 3D 工具进行操作，最终效果如图 2.360 右图所示。

图 2.360

第3章 图层与蒙版

知识点：

案例一：创建图层与图层组

案例二：使用分层图像

案例三：设置图层的不透明度和混合选项

案例四：使用图层效果和样式

案例五：调整图层和填充图层

案例六：蒙版图层的应用

案例七：创建剪贴组

说明：

本章主要通过 7 个案例，全面介绍图层与蒙版的作用和使用方法，老师在讲解过程可以根据实际情况，对后面的举一反三案例进行适当提示或讲解。

教学建议课时数：

一般情况下需 6 课时，其中理论 2 课时、实际操作 4 课时(根据特殊情况可做相应调整)。

在 Photoshop CS4 中，图层是一个非常重要的概念。对图层的理解是综合处理图像的基础。可以将图层理解为一张透明的薄膜纸，用户可以在这张透明纸上画画、写字、涂擦等，没有图画的部分依然保持透明的状态，从而可以透过它看到纸下面的图画，有画的部分还可以调整它的透明度，当在各张纸上画完后，计算机将几张纸叠加起来，就形成了一幅完整的图像。

使用图层能够使图像组织结构清晰，不易产生混乱，图像的最终效果是几个图层叠加起来产生的，不同的叠加模式会产生不同的效果，对其中一个图层的操作不会影响到其他图层。

3.1 创建图层与图层组

3.1.1 案例效果

本案例的效果图如图 3.1 所示。

图 3.1

3.1.2 案例目的

通过该案例的学习，使读者熟练掌握图层与图层组的创建。

3.1.3 案例分析

本案例主要介绍图层与图层组的创建，该案例比较简单，大致是首先将背景图层转换为普通图层，然后添加图层，最后创建图层组。

3.1.4 技术实训

在 Photoshop CS4 中新建一个文件时只有一个图层，可以为其添加图层，添加的图层数量只受计算机内存大小的限制。

1. 将背景图层转换为普通图层

在 Photoshop CS4 中新建一个白色或彩色背景的文件时，【图层】面板中最底层的图像为背景图像，在一幅图像中只有一个背景。用户无法更改背景的堆叠顺序、混合模式或不透明度，但是可以将背景图层转换为普通图层。

在 Photoshop CS4 中新建一个透明的背景文件时，该文件没有背景图层，最下方的图层不像背景图层那样受限制，用户可以对其进行相关的操作，如改变图层的堆叠顺序、不透明度和混合模式等。

将背景图层改为普通图层的具体操作步骤如下。

(1) 打开如图 3.2 所示的图片，【图层】面板如图 3.3 所示。

(2) 将鼠标指针移到 (背景图层)上单击，此时该图层变为蓝色，表示该图层被选中为当前图层，如图 3.4 所示。

图 3.2　　　　　　　　　　　　图 3.3　　　　　　　　　　　　图 3.4

(3) 用鼠标指针在 (背景图层)上双击，弹出【新建图层】设置对话框，具体设置如图 3.5 所示，在 名称(N) 文本框中输入转换后的图层名字，单击 颜色(C) 右边的 按钮会弹出下拉列表，供用户选择转换后图层在【图层】面板中的显示颜色。单击 模式(M) 右边的 按钮，在下拉列表中有 20 多种模式选项，用户可以根据需要选择。单击 不透明度(O) 右边的 按钮，会弹出一个滑块，用户可以通过移动滑块来调整转换后的图层的不透明度。设置完毕之后，单击【新建图层】对话框中的 确定 按钮，转换后的图层效果如图 3.6 所示。

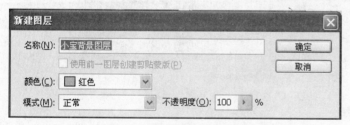

图 3.5　　　　　　　　　　　　　　　　　图 3.6

说明：如果要将普通图层转换为背景图层，方法是：在菜单栏中单击 图层(L) → 新建(N) → 图层背景(B) 命令即可。

2. 添加图层

1) 创建图层的两种方法

(1) 先创建空白图层，然后在空图层中添加内容。

(2) 利用现有的内容来创建新图层。

不管用哪一种方法创建图层，在【图层】面板中都显示在所选图层的上方或所选图层组内。在设计过程中有时候会用到几十个图层，如果用图层组来分类管理图层，那么就可以很容易地将图层作为一组进行移动，对其应用属性和蒙版还可以减少【图层】面板中的混乱。

注意：在现有的图层组中不能再创建新的图层组。

2）创建空图层

（1）打开如图 3.7 所示的图像，【图层】面板如图 3.8 所示。

（2）单击【图层】面板中的 ▭ (创建新图层)按钮，即可创建一个新的【图层 1】图层，如图 3.9 所示。

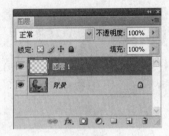

图 3.7   图 3.8   图 3.9

（3）也可以在菜单栏中单击 图层(L) → 新建(N) → 图层(L)... 命令，弹出【新建图层】对话框，在其中可设定图层名称、图层颜色、图层模式和不透明度以及是否与前一图层编组，【新建图层】对话框的设置如图 3.10 所示。设定好后单击 确定 按钮，即可创建一个空图层，如图 3.11 所示。

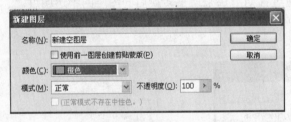

图 3.10   图 3.11

3）利用现有的内容创建新图层

在【图层】面板中创建新图层。

接着上面往下做。单击【图层】面板中的 ▭ 背景 (背景图层)，该背景图层被激活，如图 3.12 所示，然后将鼠标指针放到该图层上，按住鼠标左键不放拖到【图层】面板中的 ▭ (创建新图层)按钮上松开鼠标，即可创建一个背景图层的副本图层，如图 3.13 所示。

图 3.12   图 3.13

利用选区创建图层。

(1) 在工具箱中选择 ♆(磁性套索工具)，在画面中选出如图 3.14 所示的选区。单击菜单栏中的 图层(L) → 新建(N) → 通过拷贝的图层(C) 命令，即可将选区内容复制并创建一个图层，同时将选区画面中的选区取消，如图 3.15 所示。

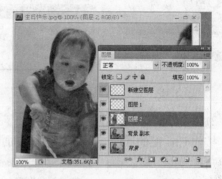

图 3.14　　　　　　　　　　　图 3.15

(2) 激活 ♆ 背景 (背景图层)，在画面中用 ♆(磁性套索工具)选出如图 3.16 所示的选区，在菜单栏中单击 图层(L) → 新建(N) → 通过剪切的图层(T) 命令，即可剪切选区内容并创建一个新图层，同时将选区画面中的选区取消，如图 3.17 所示。

图 3.16　　　　　　　　　　　图 3.17

说明：对于选区内容也可以直接按 Ctrl+C 组合键进行复制或按 Ctrl+X 组合键进行剪切，再按 Ctrl+V 组合键粘贴，同样可将选区内容进行复制(或剪切)并创建一个新图层，这种方法比较简单，也可以在不同文件或程序中进行复制。

3. 创建图层组

1) 在【图层】面板中创建图层组

(1). 第一种方法：直接在【图层】面板中单击 □(新建图层组)按钮，即可创建一个图层组，如图 3.18 所示。

(2) 第二种方法：单击菜单栏中的 图层(L) → 新建(N) → 组(G)... 命令，弹出【新建组】对话框，根据需要设置对话框，如图 3.19 所示，设置好后单击 确定 按钮，即可创建一个图层组，如图 3.20 所示。

图 3.18

图 3.19

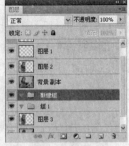
图 3.20

2）用所选图层创建图层组

按住 Ctrl 键的同时，单击【图层】面板中需要选择的图层，如图 3.21 所示。在菜单栏中单击 图层(L) → 新建(N) → 从图层建立组(A)... 命令，弹出【从图层新建组】对话框，根据需要设置对话框，如图 3.22 所示，设置好后单击 确定 按钮，即可创建一个图层组，如图 3.23 所示。

图 3.21

图 3.22

图 3.23

3.1.5　案例小结

该案例主要介绍了图层与图层组的创建，在该案例中要重点掌握各种图层的创建和图层的概念。

3.1.6　举一反三

打开一幅图片，根据前面所学知识，练习创建各种图层的方法。

3.2　使用分层图像

3.2.1　案例效果

本案例的效果图如图 3.24 所示。

图 3.24

3.2.2　案例目的

通过该案例的学习，使读者会熟练使用分层图像。

3.2.3　案例分析

本案例主要介绍分层图像的使用，该案例比较简单，大致是首先选择图层，然后调整图层内容的位置，之后显示图层的内容，复制图层，然后更改图层的堆叠顺序，最后锁定图层。

3.2.4　技术实训

使用分层图像可以快速地选择、隐藏、复制、锁定和改变图像的外观。操作方便，容易理解。

1.　选择图层

在设计过程中经常使用多个图层，对图像所做的任何操作只对当前所选定的图层起作用，因此必须先选取图层。一次只能选定一个图层作为当前图层，当前图层的名称显示在文件窗口的标题栏中。

使用 ⊕(移动工具)选择图层的步骤如下。

(1) 打开如图 3.25 所示的图片，【图层】面板如图 3.26 所示。

图 3.25　　　　　　　　　　　　　　图 3.26

(2) 选择工具箱中的 ⊕(移动工具)，将鼠标指针移动到画面中右击鼠标，在弹出的快捷菜单中单击所需要的图层，如图 3.27 所示，此时【图层】面板中的图层也相应地变为当前图层，如图 3.28 所示。

图 3.27   图 3.28

2. 调整图层内容的位置

用户不仅可以使用 ⬩(移动工具)来调整图层和图层组内容的位置，还可以使用【图层】菜单中的命令来对齐和分布图层内容。

注意：对齐和分布只影响所含像素的不透明度大于 50%的图层。

使用 ⬩(移动工具)调整图层内容的位置，具体步骤如下。

(1) 打开一幅图片，【图层】面板和所选中的当前图层及内容如图 3.29 所示。

(2) 将鼠标指针移动到【图层 1】的内容上，在按住鼠标左键的同时往画面的右上角拖动，拖到需要的位置时松开鼠标即可，如图 3.30 所示。

图 3.29   图 3.30

3. 显示图层的内容

Photoshop CS4 提供了在【图层】面板中有选择地隐藏和显示图层、图层组和图层效果的功能，也可以指定如何在图像中显示透明区域。

在【图层】面板中单击【图层 1】前面的 👁 图标，即可将【图层 1】的内容隐藏，如图 3.31 所示。

4. 复制图层

复制图层有两种情况：一种是在图像内复制图层；另一种是在两个文件之间复制图层。

注意：如果图层被复制到具有不同分辨率的文件中，则图层的内容将显示得更大或更小。

1) 在图像内复制图层

(1) 单击【图层 1】前面的 👁 图标，使 👁 图标显示出来，即显示图层内容。

(2) 将鼠标指针移到【图层 1】上，按住鼠标左键往下拖到 🔲【创建新的图层】按钮上，当该按钮呈凹下状态如图 3.32 所示时松开鼠标左键，即可将【图层 1】复制为【图层 1 副本】，并使【图层 1 副本】成为当前可用图层，如图 3.33 所示。

图 3.31　　　　　　　　　　　图 3.32　　　　　　　　图 3.33

2) 在图像间复制图层

(1) 打开一幅图像，【图层】面板与图像如图 3.34 所示。

(2) 将鼠标指针移到图像【图层】面板中的 🔲 装饰层 图层上，按住鼠标左键的同时，拖动鼠标指针到"调整图层内容的位置.PSD"文件中松开鼠标，即可将 🔲 装饰层 图层内容复制到"调整图层内容的位置.PSD"文件中，如图 3.35 所示。

图 3.34　　　　　　　　　　　　　　图 3.35

5. 更改图层的堆叠顺序

在 Photoshop CS4 中【图层】面板的堆叠顺序将决定图层或图层组中的内容出现在其他图像内容的前面还是后面。

(1) 打开一幅图像，其图像与【图层】面板如图 3.36 所示。

(2) 将鼠标指针移到【图层】面板中的 🔲 xiaobao 图层上，按住鼠标左键并往下拖到 🔲 YellowFish

图层的下方，如图 3.37 所示，松开鼠标左键，即可将 xiaobao 图层移动到 YellowFish 图层的下方，如图 3.38 所示，画面效果如图 3.39 所示。

图 3.36

图 3.37

图 3.38

图 3.39

6. 锁定图层

锁定图层的作用是保护被锁定图层的内容不会在用户编辑时被破坏。在 Photoshop CS4 中可以锁定图层中的全部或部分内容，被锁定的图层名称的右边会出现一个图标。如果图层内容被完全锁定，图标将变成实心的；如果图层内容被部分锁定，图标将变成空心的。

单击【图层】面板中的 xiaobao 图层，使其成为当前图层，如图 3.40 所示。单击【图层】面板中的【锁定透明像素】按钮，即可锁定该图层的透明像素，如图 3.41 所示。

图 3.40

图 3.41

3.2.5 案例小结

该案例主要介绍了分层图像的使用，在该案例中要重点掌握图层的创建和图层的调整。

3.2.6　举一反三

　　打开一幅图片，图片效果和图层顺序如图 3.42 左图所示，根据前面所学知识，通过改变图层的堆放顺序，制作出图 3.42 右图所示的效果。

图 3.42

3.3　设置图层的不透明度和混合选项

3.3.1　案例效果

　　本案例的效果图如图 3.43 所示。

图 3.43

3.3.2　案例目的

　　通过该案例的学习，使读者熟练掌握如何设置图层的不透明度和混合选项。

3.3.3　案例分析

　　本案例主要介绍图层的不透明度和混合选项的使用，该案例比较简单，大致是先设置图层的不透明度，然后选择图层混合模式，最后填充不透明度。

3.3.4　技术实训

　　在 Photoshop CS4 中图层的不透明度和混合选项决定了图层中的像素与其他图层中的像素相互作用的方式，是在设计过程中使用频率比较高的一项设置。

1. 设置图层的不透明度

(1) 打开一幅图像，其【图层】面板与图像如图 3.44 所示。

(2) 单击 不透明度：100% 右边的 ▶ 按钮，将鼠标指针移动到滑块上，按住鼠标左键不放的同时往左移动，达到需要的效果时为止，如图 3.45 所示，也可以直接在 100% 文本框中直接输入数值，图像效果如图 3.46 所示。

图 3.44　　　　　　　　　　图 3.45　　　　　　　　　　图 3.46

2. 选择图层混合模式

在 Photoshop CS4 中图层混合模式决定了当前图层中的图像像素与下层图像像素的混合方式。使用混合方式可以创建出很多意想不到的特殊效果。

要特别注意：在 Photoshop CS4 中，图层组的混合模式为"穿透"模式，也就是说图层组没有自己的混合属性。为图层组选择其他混合模式，可以有效地更改整个图像的合成顺序。首先，合成图层组中的所有图层，然后，这个合成的图组会被视为一幅单独的图像，并利用所选的混合模式与其余层中的图像混合，所以，为图层组选择的混合模式不是"穿透"模式时，图层组中的调整图层或图层混合模式都不会应用于图层组的外部图层。

1) 使用混合模式之前需要了解的 3 个基本概念

(1) 基色：图像的原稿颜色。

(2) 混合色：通过绘画或编辑工具应用的颜色。

(3) 结果色：混合后得到的颜色。

2) 改变图层的混合模式

(1) 接着往下做。将 玩童 图层的透明度设置为 100%，图像与图层效果如图 3.47 所示。

(2) 单击【图层】面板中的 正常 右边的 ▼ 按钮，选择需要的混合模式，如图 3.48 所示，图像效果如图 3.49 所示。

图 3.47　　　　　　　　　　图 3.48　　　　　　　　　　图 3.49

3) 图层混合模式的功能说明

图层混合模式共有 20 多种，下面介绍各种模式的功能。

(1) 正常：编辑或绘制每个像素，使其成为结果色，这是默认模式。

(2) 溶解：编辑或绘制每个像素，使其成为结果色，根据各像素位置的不透明度，结果色、基色或混合色的像素可随机替换。

(3) 背景：仅在图层的透明部分编辑或绘画。此模式仅在取消选择"锁定透明像素"选项的图层有效，类似于在透明纸的透明区域背面绘画。

(4) 清除：编辑或绘制每个像素，使其透明。此模式可用于直线工具(当填充区域被选中时)、油漆桶工具、画笔工具、铅笔工具、【填充】命令和【描边】命令，再要使用此模式时，必须是在取消选择"锁定透明像素"选项的图层中。

(5) 变暗：查看每个通道中的颜色信息，并选择基色或混合色中较暗的颜色作为结果色。比混合色亮的像素被替换，比混合色暗的像素保持不变。

(6) 正片叠底：查看每个通道中的颜色信息，并将基色与混合色复合，结果色总是较暗的颜色。任何颜色与黑色复合产生黑色，任何颜色与白色复合保持不变。当用黑色或白色以外的颜色绘画时，绘画工具绘制的连续描边产生逐渐变暗的颜色，这与使用多个魔术标记在图像上绘图的效果相似。

(7) 颜色加深：查看每个通道中的颜色信息，并通过增加对比度使基色变暗以反映混合色。与白色混合后不产生变化。

(8) 线性加深：查看每个通道中的颜色信息，并通过减小亮度使基色变暗以反映混合色。与白色混合后不产生变化。

(9) 变亮：查看每个通道中的颜色信息，并选择基色或混合色中较亮的颜色作为结果色。比混合色暗的像素被替换，比混合色亮的像素保持不变。

(10) 屏幕：查看每个通道中的颜色信息，并将混合色的互补色与基色复合，结果色总是较亮的颜色，用黑色过滤时颜色保持不变，用白色过滤将产生白色。此效果类似于多个摄影幻灯片在彼此之间的投影。

(11) 颜色减淡：查看每个通道中的颜色信息，并通过减小对比度使基色变亮以反映混合色。与黑色混合则不发生变化。

(12) 线性减淡：查看每个通道中的颜色信息，并通过增加亮度使基色变亮以反映混合色。与黑色混合则不发生变化。

(13) 叠加：复合或过滤颜色，具体取决于基色。图案或颜色在现有像素上叠加，同时保留基色的明暗对比，不替换基色，但基色与混合色相混以后反映原色的亮度或暗度。

(14) 柔光：使颜色变亮或变暗，具体取决于混合色。此效果与发散的聚光灯照在图像上相似。

如果混合色(光源)比 50%灰色亮，则图像变亮，就像被加深了一样。用纯黑色或纯白色绘画会产生明显较暗或较亮的区域，但不会产生纯黑色或纯白色。

(15) 强光：复合或过滤颜色，具体取决于混合色。此效果与耀眼的聚光灯照在图像上相似。如果混合色(光源)比 50%灰色亮，则图像变亮，就像过滤后的效果。这对于向图像中添加高光非常有用。如果混合色(光源)比 50%灰色暗，则图像变暗，就像复合后的效果。这对于向图像添加暗调非常有用。用纯黑色或纯白色绘画会产生纯黑色或纯白色。

(16) 亮光：通过增加或减小对比度来加深或减淡颜色，具体取决于混合色。如果混合色(光源)比 50%灰色亮，则通过减小对比度使图像变亮。如果混合色比 50%灰色暗，则通过增加对比度使图像变暗。

(17) 线性光：通过减小或增加亮度来加深或减淡颜色，具体取决于混合色。如果混合色(光源)比 50%灰色亮，则通过增加亮度使图像变亮。如果混合色比 50%灰色暗，则通过减小亮度使图像变暗。

(18) 点光：替换颜色，具体取决于混合色。如果混合色(光源)比 50%灰色亮，则替换比混合色暗的像素，而不改变混合色亮的像素；如果混合色比 50%灰色暗，则替换比混合色亮的像素。这对于向图像添加特殊效果非常有用。

(19) 差值：查看每个通道中的颜色信息，并从基色中减去混合色，或从混合色中减去基色，具体取决于颜色的亮度值哪一个更大。与白色混合将反转基色值，与黑色混合则不发生变化。

(20) 排除：创建一种与“差值”模式相似但对比度更低的效果。与白色混合将反转基色值，与黑色混合则不发生变化。

(21) 色相：用基色的亮度和饱和度以及混合色的饱和度创建结果色。

(22) 饱和度：用基色的亮度以及混合色的饱和度创建结果色。在无(0)饱和度(灰色)的区域上用此模式绘画不会产生变化。

(23) 颜色：用基色的亮度以及混合色的色相饱和度创建结果色。这样可以保留图像中的灰阶，并且对于给单色图像上色和给彩色图像着色都会非常有用。

(24) 亮度：用基色的色相和饱和度以及混合色的亮度创建结果色。此模式创建与“颜色”模式相反的效果。

3. 填充不透明度

前面介绍了“图层”不透明度，这里我们介绍一下“填充”不透明度，它们之间有一定的区别。图层不透明度应用于图层的任何图层样式和混合模式，而填充不透明度仅影响图层中绘制的像素或图层上绘制的形状，不影响任何图层效果的不透明度。

为图层指定填充不透明度的具体操作步骤如下。

(1) 打开一幅图像，图像与【图层】面板如图 3.50 所示。

图 3.50

(2) 双击【图层】面板的 ![玩童] 图层，弹出【图层样式】对话框，选择【内阴影】、【外发光】和【内发光】选项，如图 3.51 所示。设置好后单击 确定 按钮，即可得到如图 3.52 所示的效果。

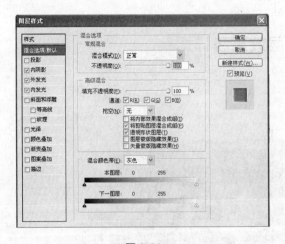

图 3.51　　　　　　　　　　　　　图 3.52

(3) 将【图层】面板中的 玩童图层的填充不透明度设置为 50%，此时【图层】面板与图像效果如图 3.53 所示。

(4) 将【图层】面板中的玩童图层的填充不透明度设置为 0%，此时【图层】面板与图像效果如图 3.54 所示。

图 3.53　　　　　　　　　　　　　图 3.54

3.3.5　案例小结

该案例主要介绍了不透明度和混合选项的使用，在该案例中要重点掌握设置图层的不透明和填充不透明度的操作步骤。图层混合模式的功能只要求了解，不必死记。

3.3.6　举一反三

打开如图 3.55 左图所示的图片，根据本案例所学知识，制作出如图 3.55 右图所示的效果。

图 3.55

3.4 使用图层效果和样式

3.4.1 案例效果

本案例的效果图如图 3.56 所示。

图 3.56

3.4.2 案例目的

通过该案例的学习，使读者熟练掌握图层效果和样式的使用方法及技巧。

3.4.3 案例分析

本案例主要介绍图层效果和样式的使用，大致是首先介绍图层效果和样式的基本知识，然后是应用"预设图层样式"创建文字效果，之后创建自定义样式，然后是显示/隐藏图层样式，复制和粘贴样式，之后删除图层效果，最后删除图层。

3.4.4 技术实训

图层效果和样式分为两种，一种是 Photoshop CS4 系统自带的图层效果和样式；另一种是用户自定义的图层效果和样式，其主要作用是使用户对图层内容能够快速地应用效果样式。只要选中图层或图层内容，单击【样式】面板中的样式，即可将样式效果应用到图层或图层内容上。

1. 图层效果和样式的基本知识

Photoshop CS4 提供了各式各样的效果，如双环发光(按钮)、星云(纹理)、日落天空(文字)、去色等。利用这些类型的效果，用户可以迅速改变图层内容的外观，使图层效果与图层内容相链接。

当用户移动或编辑图层内容时，图层内容被相应地修改。应用于图层的效果就改变成图层的自定样式的一部分。当图层应用了样式时，【图层】面板中该图层的右边会出现图标。直接单击该图层右边的按钮，就会展开样式选项，此时可以查看组成样式的所有效果，还可以编辑效果以及更改样式。存储自定义样式时，该样式就成为预设样式。预设样式出现在【样式】面板中，通过单击即可应用。Photoshop CS4 提供了各种预设样式，可以满足用户不同的需求。

Photoshop CS4 提供的图层样式按功能可分为不同的库。例如，一个库包含图像效果的所有样式，另一个库则包含 Web 样式的所有样式。

2. 应用"预设图层样式"创建文字效果

(1) 打开如图 3.57 所示的图片。

(2) 选择工具箱中的 T(横排文字工具)，T(横排文字工具)属性选项栏的设置如图 3.58 所示。在画面中输入文字，单击 T(横排文字工具)属性选项栏中的 ✓ 按钮完成文字输入，如图 3.59 所示。

图 3.57　　　　　　　　　　图 3.58　　　　　　　　　　图 3.59

(3) 在浮动面板中单击 样式 按钮，显示如图 3.60 所示的【样式】面板。单击【样式】面板右上角的 ≡ 按钮，在下拉列表中选择需要的样式库，如图 3.61 所示，接着弹出一个提示对话框，如图 3.62 所示。在对话框中单击 追加(A) 按钮，即可将 抽象样式 添加到【样式】面板中，如图 3.63 所示。

图 3.60　　　　　　　　　　图 3.61　　　　　　　　　　图 3.62

(4) 在【样式】面板中单击 ■(双环发光)按钮图标，即可给文字添加所需要的效果，如图 3.64 所示。

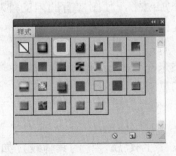

图 3.63

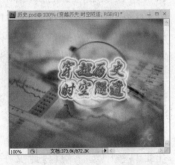

图 3.64

(5) 在工具箱中选择 (自定义形状工具)， (自定义形状工具)属性选项栏的设置如图 3.65 所示。

图 3.65

(6) 在【图层】面板中新建一个【图层 1】，如图 3.66 所示，将鼠标指针移动到画面中并拖动，即可绘制出如图 3.67 所示的图形。

图 3.66

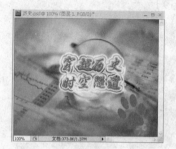

图 3.67

(7) 选择中需要添加图层样式的图层，在图层【样式】面板中单击 样式，如图 3.68 所示，即可得到如图 3.69 所示的效果。

图 3.68

图 3.69

3. 创建自定义样式

1) 用来创建自定义样式图层样式中的部分设置说明

(1) 投影：在图层内容的后面添加阴影。

(2) 内阴影：在图层内容的边缘内并紧靠边缘处添加阴影，使图层有凹陷的外观。

(3) 外发光与内发光：添加图层内容的外边缘发光的效果。

(4) 斜面和浮雕：对图层添加高光与暗调的各种组合。

(5) 颜色、渐变和图案叠加：用颜色、渐变或图案来填充图层内容。

(6) 描边：使用颜色、渐变或图案在当前图层上勾勒对象的轮廓。

2) 创建自定义样式

(1) 打开如图 3.70 所示的图片。

(2) 在工具箱中选择 (直排文字工具)， (直排文字工具)属性栏的具体设置如图 3.71 所示。

图 3.70　　　　　　　　　　　　　　　　　图 3.71

(3) 在画面中输入文字，如图 3.72 所示。

(4) 单击【图层】面板底部的 *fx.*(添加图层样式)按钮，弹出如图 3.73 所示的下拉列表，在其中选择【投影】命令，接着弹出【图层样式】对话框，如图 3.74 所示。

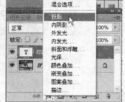

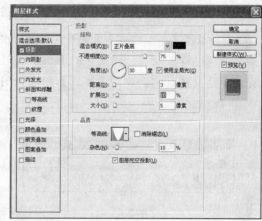

图 3.72　　　　　　　　　图 3.73　　　　　　　　　图 3.74

(5) **内阴影**选项组的具体参数设置如图 3.75 所示，**外发光**选项组的具体参数设置如图 3.76 所示。**斜面和浮雕**选项组的具体参数设置如图 3.77 所示。**颜色叠加**选项组的具体参数设置如图 3.78 所示。**描边**选项组的具体参数设置如图 3.79 所示。

(6) 单击 **确定** 按钮，即可得到如图 3.80 所示的效果。

图 3.75　　　　　　　　　图 3.76　　　　　　　　　图 3.77

图 3.78   图 3.79   图 3.80

(7) 单击【图层样式】面板中右上角的 新建样式... 按钮，在打开的【新建样式】对话框中为新建的样式命名，如图 3.81 所示，单击 确定 按钮，返回【图层样式】对话框中，完成自定义样式的创建。【样式】面板如图 3.82 所示。

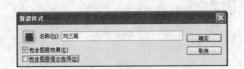

图 3.81   图 3.82

说明：自定义样式的使用方法与 Photoshop CS4 自带的使用方法一样，在这里就不再介绍。

4. 显示/隐藏图层样式

(1) 接着往下做。单击【图层】面板中【效果】前面的 👁 图标，使 👁 不可见，即隐藏图层样式，如图 3.83 所示。

(2) 如果需要显示图层样式，则单击单击【图层】面板中【效果】前面的方框，使 👁 可见，即显示样式，如图 3.84 所示。

图 3.83   图 3.84

(3) 如果要隐藏效果中的某一个样式，则单击该样式前面的方框，使 👁 图标被隐藏。

5. 复制和粘贴样式

复制和粘贴样式是对多个图层应用相同效果的便捷方法。

(1) 接着往下做。单击【图层】面板中的 图层0 图层，激活该图层，再单击 (创建新的图层)按钮，新建一个【图层 1】，如图 3.85 所示。

(2) 设定前景色为红色，选择工具箱中的 (自定义形状工具)， (自定义形状工具)属性选项栏的设置如图 3.86 所示。

图 3.85　　　　　　　　　　　　　　　　图 3.86

(3) 在画面中拖动鼠标指针，即可得到如图 3.87 所示的效果。

(4) 将鼠标指针移动到文字图层的效果栏上，单击鼠标右键，在弹出的快捷菜单中单击 拷贝图层样式 命令，即可复制图层样式。将鼠标指针移到 图层1 上，单击鼠标右键，在弹出的快捷菜单中单击 粘贴图层样式 命令，粘贴图层样式，【图层】面板如图 3.88 所示，最终效果如图 3.89 所示。

图 3.87　　　　　　　　　图 3.88　　　　　　　　　图 3.89

6. 删除图层效果

在设计过程中，有时要删除不需要的图层效果，删除图层效果有两种情况，第一种是删除图层中的所有图层效果；第二种是删除图层中的某一种效果。

1) 删除图层中的所有效果

接着往下做。在 图层1 上单击鼠标右键，再单击弹出式下拉列表中的 清除图层样式 命令，即可删除 图层1 的图层样式，【图层】面板与图像效果如图 3.90 所示。

图 3.90

2) 删除 图层中的描边效果

(1) 接着往下做。按 Ctrl+Z 组合键取消删除图层样式的操作。

(2) 将鼠标指针移动到 描边 上面，按住鼠标左键的同时，将鼠标指针拖到图层底部的 按钮上，当 按钮呈凹陷状态时，【图层】面板如图 3.91 所示，松开鼠标左键即可。【图层】面板与最终图像效果如图 3.92 所示。

图 3.91

图 3.92

7. 删除图层

删除图层是图像处理中的最基本操作，在 Photoshop CS4 中提供了 3 种删除图层的方法。下面分别对这 3 种操作进行介绍。

1) 通过右键删除图层

(1) 打开一幅图像，图像效果和【图层】面板如图 3.93 所示。

图 3.93

(2) 将鼠标移动到【图层】面板中的 图层1 图层上单击鼠标右键，之后单击 删除图层 命令，弹出如图 3.94 所示的对话框，如果不想删除图层，单击 否(N) 按钮；如果确定删除图层，可单击 按钮，删除该图层，如图 3.95 所示。

图 3.94　　　　　　　　　　　　　图 3.95

2) 通过单击【图层】面板中的 按钮删除图层

(1) 接着往下做，按 Ctrl+Z 组合键取消上面进行的删除图层操作。

(2) 在【图层】面板中单击 图层1 图层，即激活 图层1 图层，如图 3.96 所示。

(3) 单击【图层】面板中的 按钮，即可删除该图层，图像效果与【图层】面板如图 3.97 所示。

图 3.96　　　　　　　　　　　　　图 3.97

3) 通过菜单栏删除图层

(1) 接着上面往下做。在【图层】面板中单击 印象刘三姐 图层，即激活 印象刘三姐 图层为当前图层，如图 3.98 所示。

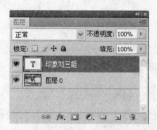

图 3.98

(2) 在菜单栏中单击 图层(L) → 删除 → 图层 (L) 命令，弹出如图 3.99 所示的对话框，如果不想删除，单击 否(N) 按钮，取消删除图层；单击 是(Y) 按钮，即可删除图层，图像效果与【图层】面板如图 3.100 所示。

图 3.99

图 3.100

3.4.5 案例小结

该案例主要介绍了图层效果和样式的使用，在该案例中重点掌握如何应用"预设图层样式"创建文字效果和创建字定义样式。

3.4.6 举一反三

打开如图 3.101 左图所示的图片，根据本案例所学知识，制作出图 3.101 右图所示的效果。

图 3.101

3.5　调整图层和填充图层

3.5.1 案例效果

本案例的效果图如图 3.102 所示。

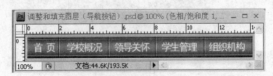

图 3.102

3.5.2 案例目的

通过该案例的学习，使读者熟练掌握调整图层和填充图层的方法。

3.5.3　案例分析

本案例主要介绍调整图层和填充图层的使用，大致是首先介绍调整图层和填充图层的基础知识，之后创建调整图层和填充图层。

3.5.4　技术实训

1. 调整图层和填充图层的基础知识

调整图层和填充图层的使用，提高了用户对图层编辑的灵活性。调整图层可以使用户对图像试用颜色和应用色调调整；而填充图层可以使用户向图像中快速地添加颜色、图案和渐变图素。如果用户对结果不满意，可以随时返回重新操作或删除调整图层和填充图层，但是使用调整图层有一个缺点，即调整图层会影响它下面的所有图层。这意味着可以通过调整单个调整图层来校正多个图层，而不必对下面的每个图层分别进行调整。

调整图层和填充图层都可以使用户对图像试用颜色和色调调整，而不会永久地修改图像中的像素。颜色和色调更改在调整图层内，该图层好比一层透明的薄膜，下层图像可以透过它显示出来。

注意：填充图层可以使用户用纯色、渐变或图案填充图层，与调整图层不同的是，填充图层不影响其下面的图层。

2. 创建调整图层和填充图层

调整图层和填充图层与图像图层相比有很多相似的地方。比如，相同的不透明度和混合选项，可以进行重排、删除、隐藏和复制等操作。

在 Photoshop CS4 的默认情况下，调整图层和填充图层都有图层蒙版，由图层缩览图右边的蒙版图标表示。如果在创建调整图层或填充图层时，路径处于使用状态，则创建的是矢量蒙版而不是图层蒙版。下面详细介绍怎样创建调整图层和填充图层。

(1) 打开如图 3.103 所示的图片。

(2) 单击【图层】面板底部的 ◒.(创建新的填充或调整图层)按钮，在其下拉列表中单击 色相/饱和度... 命令，如图 3.104 所示，弹出【色相/饱和度】浮动面板，具体设置如图 3.105 所示。最终效果如图 3.106 所示。

图 3.103

图 3.104

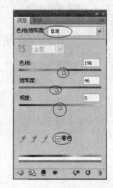

图 3.105

图 3.106

(3) 如果要编辑调整图层或填充图层，只要单击图层激活调整图层或填充图层，在【色相/饱和度】浮动面板中进行调整即可。

提示：如果将调整图层和填充图层与其下面的图层合并，调整图层和填充图层将被栅格化，并将永久地应用于合并的图层内。

3.5.5 案例小结

该案例主要介绍了调整图层和填充图层的使用，在该案例中应重点掌握调整图层和填充图层。

3.5.6 举一反三

打开如图 3.107 左图所示的图片，根据本案例所学知识，制作出图 3.107 右图所示的效果。

图 3.107

3.6 蒙版图层的应用

3.6.1 案例效果

本案例的效果图如图 3.108 所示。

图 3.108

3.6.2　案例目的

通过该案例的学习，使读者熟练掌握蒙版图层的应用。

3.6.3　案例分析

本案例主要介绍图层蒙版的应用，大致是先介绍蒙版图层的基础知识，然后创建和编辑图层蒙版，之后创建和编辑矢量蒙版，然后取消图层与蒙版的链接，最后应用和删除图层蒙版。

3.6.4　技术实训

1. 蒙版图层的基础知识

蒙版图层的主要作用是保护部分图层让用户无法编辑，显示或隐藏部分图像。通过更改图层蒙版，可以对图层应用各种特殊效果，而不会影响到该图层上的像素，可以使这些更改永久生效，也可以删除蒙版而不应用这些更改。

蒙版图层有图层蒙版和矢量蒙版两种类型。

(1) 图层蒙版：属于位图图像，与分辨率相关，主要由绘画或选择工具创建。

(2) 矢量蒙版：与分辨率无关，主要由钢笔工具或形状工具创建。

在【图层】面板中，图层蒙版和矢量蒙版都显示为图层缩览图右边的附加缩览图。对于图层蒙版，其缩览图代表添加图层蒙版时创建的灰色通道，矢量蒙版缩览图代表从图层内容中剪下来的路径。

特别注意： 图层蒙版是灰度图像，用黑色绘制的内容将被隐藏，用白色绘制的内容将会显示，而用灰色绘制的内容将以各级透明度显示。

2. 创建和编辑图层蒙版

(1) 打开"往事知多少.jpg"和"眼睛.jpg"两幅图片，如图 3.109 和图 3.110 所示。

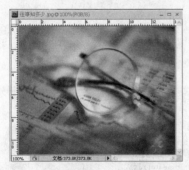　　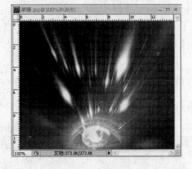

图 3.109　　　　　　　　　　　　　　图 3.110

(2) 使用 ⊕(移动工具)，将"眼睛.jpg"文件拖到"往事知多少.jpg"文件中，成为【图层 1】，然后将其移动到适当的位置，如图 3.111 所示。

(3) 在【图层】面板中设定【图层 1】的混合模式为【线性光】，如图 3.112 所示，单击【图层】面板底部的 ◻(添加图层蒙版)按钮，给【图层 1】添加图层蒙版，如图 3.113 所示，并将前景色设为黑色，背景色设为白色。

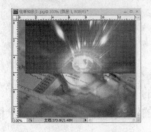  

图 3.111　　　　　　　　　　图 3.112　　　　　　　　　　图 3.113

(4) 在工具箱中选择 ✐ (画笔工具)，并在 ✐ (画笔工具)属性选项栏中选择 画笔: 100 (柔角 100 像素)画笔，其他为默认值，然后在画面中过度强硬的地方进行涂抹，即可得到如图 3.114 所示的效果。

(5) 打开如图 3.115 所示的文件，将它拖到"往事知多少.jpg"文件中，成为【图层 2】，再将其调整好位置，如图 3.116 所示。

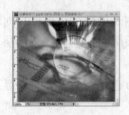  

图 3.114　　　　　　　　　　图 3.115　　　　　　　　　　图 3.116

(6) 在菜单栏中单击 图层(L) → 图层蒙版(M) → 显示全部(R) 命令，此时【图层 2】被添加了图层蒙版，如图 3.117 所示。

(7) 用 ✐ (画笔工具)在画面中过度强硬的地方和人物背景处进行涂抹，以将其隐藏，如图 3.118 所示。如果将不需要隐藏的地方隐藏了，则可以将前景色设置为白色，然后用 ✐ (画笔工具)将其显示出来。

(8) 在【图层】面板中设定【图层 2】的混合模式为【线性光】，如图 3.119 所示，最终图像效果如图 3.120 所示。

图 3.117　　　　　　图 3.118　　　　　　图 3.119　　　　　　图 3.120

3. 创建和编辑矢量蒙版

矢量蒙版的主要作用是在图层上创建锐边形状。无论何时需要添加边缘清晰的设置元素，都可以使用矢量蒙版。使用矢量蒙版创建图层后，用户可以给该图层应用一个或多个图层样式，并且还可以编辑这些图层样式。具体操作如下。

(1) 打开"卡通.jpg"和"蒙版图层.PSD"图片文件，如图 3.121 所示，将它拖到"蒙版图层.PSD"文件中并调整好位置，在【图层】面板中显示为【图层 3】调到【图层 1】的下方，图像效果和【图层】面板如图 3.122 所示。

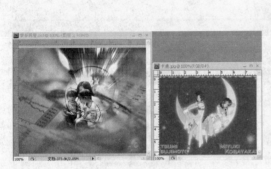

图 3.121

图 3.122

(2) 在菜单栏中单击 图层(L) → 矢量蒙版(V) → 显示全部(R) 命令，此时【图层 3】被添加上了矢量蒙版，如图 3.123 所示。

(3) 在工具箱中选择 (自由钢笔工具)，在 (自由钢笔工具)属性选项栏中勾选【磁性的】复选框，然后在画面中画出所需的部分，即可将路径外的区域隐藏，如图 3.124 所示。

(4) 在【图层】面板中单击 (矢量蒙版缩览图)图标，当呈 状态时可隐藏路径，最终效果如图 3.125 所示。

图 3.123

图 3.124

图 3.125

(5) 在【图层】面板中将【图层 3】的混合模式设为【叠加】，图层不透明设为"50%"，并适当调整【图层 3】的内容在画面中的位置，【图层】面板与最终图像效果如图 3.126 所示。

提示： 用户如果需要对路径进行编辑，直接单击 (矢量蒙版缩览图)图标，进入 (矢量蒙版编辑)状态，即可通过调整路径来编辑矢量蒙版。

4. 取消图层与蒙版的链接

在 Photoshop CS4 中，图层或图层组与其图层蒙版或矢量蒙版相链接，这样用户在移动图层或蒙版时，它们在图像中会一起移动，然而我们有时候并不希望它们一起移动，此时可以通过取消链接的方法来实现。方法很简单，只要在【图层】面板中单击图层缩览图和蒙版缩览图之间的 ▓(链接)图标即可。

5. 应用和删除图层蒙版

在 Photoshop CS4 中，图层蒙版是作为 Alpha 通道存储的，所以在文件中占有一定的数据量，有时为了减小文件的数量，可将图层蒙版永久化或通过删除不需要的图层蒙版来减小文件的数据量。应用和删除图层蒙版的方法很简单，将鼠标指针移动到图层蒙版中右击鼠标，在其快捷菜单中选择 栅格化矢量蒙版 或 删除矢量蒙版 命令即可，如图 3.127 所示。

图 3.126   图 3.127

3.6.5 案例小结

该案例主要介绍了蒙版图层的使用，在该案例中要重点掌握创建和编辑图层蒙版、创建和编辑矢量蒙版。

3.6.6 举一反三

打开如图 3.128 上图所示的 4 张图片，根据本案例所学知识，制作出如图 3.128 下图(第 5 张图片)所示的效果。

图 3.128

3.7　创建剪贴组

3.7.1　案例效果

本案例的效果图如图 3.129 所示。

图 3.129

3.7.2　案例目的

通过该案例的学习，使读者熟练掌握剪贴组的创建。

3.7.3　案例分析

本案例主要介绍剪贴组的创建，大致步骤是先打开图片，然后使用文字工具创建文字，最后创建剪贴组。

3.7.4　技术实训

在 Photoshop CS4 中，创建剪贴组是进行创作的一种重要手段。创建剪贴组要用到 3 个图层，最下面的图层充当整个组的蒙版。例如，最下面的图层中可能有某个形状，中间的图层中可能有一些文本，而最上面的图层中可能有纹理，如果将 3 个图层都定义为剪贴组，则纹理和文本只能通过最下面的图层上的形状显示，并且有底图层的不透明度。

注意：剪贴组中只能包含连续图层。

【操作练习】创建剪贴组。

(1) 打开一幅"桂林漓江.jpg"图片，如图 3.130 所示。

图 3.130

(2) 在工具箱中选择 T(直排文字工具)，T(直排文字工具)属性选项栏的设置如图 3.131 所示。并在"桂林漓江.jpg"文件画面中输入如图 3.132 所示的文字。

图 3.131   图 3.132

(3) 打开"童年.jpg"图片，使用 (移动工具)将"童年.jpg"图片拖到"桂林漓江.jpg"画面中的适当位置，此时的图像效果与【图层】面板如图 3.133 所示。

图 3.133

(4) 在菜单栏中单击 图层(L) → 创建剪贴蒙版(C) 命令，即可创建剪贴组(或按 Ctrl+G 组合键)。最终图像效果与【图层】面板如图 3.134 所示。

图 3.134

(5) 在【图层】面板中双击 T 桂林留念 图层，弹出【图层样式】设置对话框，具体设置如图 3.135 所示。

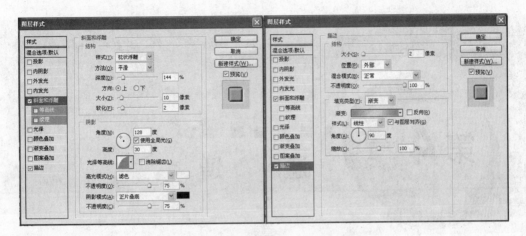

图 3.135

(6) 设置完毕，单击【图层样式】设置对话框中的 [确定] 按钮，即可得到如图 3.136 所示的效果。

图 3.136

3.7.5　案例小结

该案例主要介绍了剪贴组的创建，在该案例中重点掌握创建剪贴组的原理。

3.7.6　举一反三

打开如图 3.137 左图所示的两张图片，制作出如图 3.137 右图(第 3 张)图片所示的效果。

图 3.137

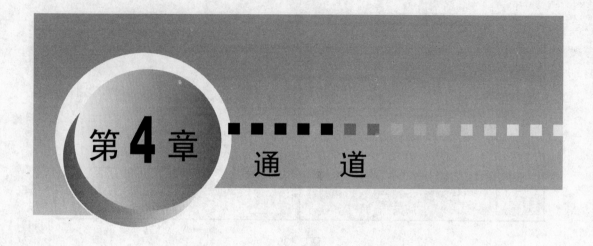

第4章　通　道

▶ 知识点:

案例一: 将蒙版存储到 Alpha 通道中
案例二: 创建与修改专色通道
案例三: 管理通道

▶ 说明:

通道是 Photoshop CS4 中比较难理解的一部分内容, 初学者不要求掌握全部内容, 只要求掌握它的概念和作用, 以及一些基本的使用方法。

▶ 教学建议课时数:

一般情况下需 6 课时, 其中理论 2.5 课时、实际操作 3.5 课时(根据特殊情况可做相应调整)。

在 Photoshop CS4 中，通道用来存储图像的颜色信息，通道还可以用来存储选区，这样可以方便用户处理图像的特定部分。在打开或新建一幅图像时，Photoshop CS4 会自动创建颜色信息通道。图像的颜色模式决定了颜色通道的数目，例如。RGB 图像模式有红色、绿色、蓝色 3 个通道，而 CMYK 图像模式有青色、洋红、黄色、黑色 4 个通道。除了颜色信息通道外，Photoshop CS4 还提供了专色通道和 Alpha 通道。

利用 Alpha 通道可以创建和存储蒙版，使用户能够很方便地操作和保护图像的特定部分，通道也会增加文件的大小，所以在图像处理过程中不要随意地使用通道，要根据实际需要灵活使用，一幅图像最多可以创建 24 个通道，通道所占的文件大小由通道中的图像信息来决定。某些文件格式(如 TIFF 和 psd 文件)会压缩通道信息以节约空间。

每幅图像都有一个或多个通道，每个通道中都存储着有关图像色素的信息。图像中的默认颜色通道个数取决于图像的颜色模式。不同的颜色模式有不同的通道个数，例如：CMYK 模式有 4 个通道；RGB 模式和 LAB 模式有 3 个通道；位图模式和灰度模式只有一个通道。除了图像默认的通道之外，还可以为其创建 Alpha 通道和专色通道。

4.1 将蒙版存储到 Alpha 通道中

4.1.1 案例效果

本案例的效果图如图 4.1 所示。

图 4.1

4.1.2 案例目的

通过该案例的学习，使读者熟练掌握通道的相关操作。

4.1.3 案例分析

本案例主要介绍通道的相关操作。大致是先介绍 Alpha 通道的基本属性，然后创建与修改 Alpha 通道，之后使用通道载入选区，最后将选区存储为通道。

4.1.4 技术实训

在 Photoshop CS4 中，除了"快速蒙版"模式的临时蒙版外，还为用户提供了将选区存储到 Alpha 通道中创建永久性蒙版的方法，以方便用户在相同或不同的图像中多次使用蒙版。用户可以先在 Photoshop CS4 中创建 Alpha 通道，然后向其中添加蒙版，也可将 Photoshop CS4 中的现有选区存储为 Alpha 通道，该通道将显示在 Photoshop CS4 的"通道"调板中。

1. Alpha 通道的基本属性

对 Alpha 通道的一些基本属性介绍如下。

(1) 每幅图像(除十六位图像外)最多可包含 24 个通道(其中包括颜色通道和 Alpha 通道)。

(2) 所有的通道都是八位灰度图像，可显示 256 级灰阶。

(3) 用户可以为每个通道指定名称、颜色、蒙版选项和不透明度。

注意： 不透明度只影响图像的预览效果，而不影响图像本身。

(4) 创建的新通道具有与原图像相同的尺寸和像素数目。

(5) 用户可以使用绘画工具、编辑工具和滤镜编辑 Alpha 通道中的蒙版。

(6) 用户可以将 Alpha 通道转换为专色通道。

2. 创建与修改 Alpha 通道

(1) 打开图片，图像效果和【图层】面板，如图 4.2 所示。

(2) 在浮动面板中单击 通道 按钮，显示【通道】面板，如图 4.3 所示。

图 4.2   图 4.3

(3) 单击【通道】面板底部的 （创建新通道)按钮，即可新建一个 Alpha 通道，如图 4.4 所示，同时画面呈现黑色显示。

(4) 在工具箱中单选 （自定义形状工具)，属性选项栏的设置如图 4.5 所示。在画面中绘制一个图形，如图 4.6 所示。

图 4.4

图 4.5

(5) 在菜单栏中单击 滤镜(T) → 模糊 → 高斯模糊 命令，弹出【高斯模糊】设置对话框，具体设置如图 4.7 所示。单击 确定 按钮即可得到如图 4.8 所示的效果。

 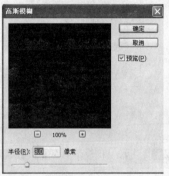 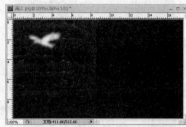

图 4.6　　　　　　　　　　图 4.7　　　　　　　　　　图 4.8

(6) 单击 图层 标签，显示【图层】面板，双击 背景 图层，弹出【新建图层】设置对话框，具体设置如图 4.9 所示。单击 确定 按钮，即可将背景图层转换为普通图层并激活该图层。【图层】面板如图 4.10 所示。

(7) 在菜单栏中单击 滤镜(T) → 渲染 → 光照效果 命令，弹出【光照效果】设置对话框，具体设置如图 4.11 所示。

图 4.9　　　　　　　　　　图 4.10　　　　　　　　　　图 4.11

(8) 在【光照效果】设置对话框中单击 确定 按钮，即可得到如图 4.12 所示的效果。

3. 使用通道载入选区

在 Photoshop CS4 中，用户可以将通道作为选区载入到图像中使用，也可以重新使用以前存储的选区。当对 Alpha 通道修改完成后，就可将其作为选区载入到图像中。

使用通道载入选区主要有以下三种方法。

1) 方法一

单击浮动面板中的 通道 按钮，显示【通道】面板，如图 4.13 所示，按住 Ctrl 键的同时，用鼠标单击 图标，即可将 Alpha1 通道载入选区，如图 4.14 所示。这样用户就可以直接在图像中应用和编辑该选区了。

2) 方法二

在菜单栏中单击 选择(S) → 存储选区(V) 命令，弹出【载入选区】设置对话框，具体设置如

图 4.15 所示。单击 确定 按钮即可将 Alpha1 通道载入选区，如图 4.14 所示。

图 4.12

图 4.13

图 4.14

3) 方法三

(1) 单击 Alpha 1 Ctrl+6 图标，即激活 Alpha 1 Ctrl+6 通道使其成为当前的可用通道，如图 4.16 所示。

(2) 单击【通道】面板底部的 (将通道载入选区)按钮，即可将通道载入选区，如图 4.17 所示。

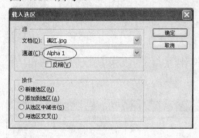
图 4.15

图 4.16

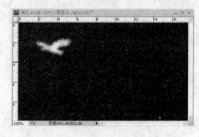
图 4.17

(3) 如果要在复合通道中应用该选区，必须要先激活复合通道；如果是多图层的图像，则必须先回到【图层】面板中激活需要使用该选区的图层。

4. 将选区存储为通道

(1) 新建一个宽 200 像素、高 200 像素的图像文件，在画面中勾画出如图 4.18 所示的选区。

(2) 在菜单栏中单击 选择(S)→存储选区 (V)... 命令，弹出【选区】设置对话框，具体设置如图 4.19 所示。单击 确定 按钮即可将 Alpha1 通道载入选区，如图 4.20 所示。

(3) 用户也可以直接单击【通道】面板底部的 (将选取存储为通道)按钮，来创建一个新通道，并自动命名为【Alpha1】，如图 4.21 所示。如果再单击 (将选取存储为通道)按钮，将再创建一个新通道，并自动命名为【Alpha2】。

图 4.18

图 4.19

图 4.20

图 4.21

4.1.5　案例小结

该案例主要介绍了通道的相关操作，在该案例中要重点掌握 Alpha 通道的基本属性、创建与修改 Alpha 通道。

4.1.6　举一反三

打开如图 4.22 左图所示的图片，根据前面所学知识，制作出图 4.22 右图所示的效果。

图 4.22

4.2　创建与修改专色通道

4.2.1　案例效果

本案例的效果图如图 4.23 所示。

图 4.23

4.2.2　案例目的

通过该案例的学习，使读者熟练掌握创建与修改专色通道的相关操作。

4.2.3　案例分析

本案例主要介绍创建与修改专色通道的相关操作方法。大致步骤是先创建专色通道，然后修改专色通道。

4.2.4　技术实训

1. 创建专色通道

(1) 新建一个 400×300 像素的 RGB 文件，单击工具箱中的 ▧(自定义形状工具)，属性选项栏的设置如图 4.24 所示。在画面中绘制如图 4.25 所示的路径。

(2) 单击浮动面板中的 路径 按钮，显示【路径】面板，然后单击 ○ (将路径作为选区载入)按钮，即可得到如图 4.26 所示的选区，同时路径被隐藏。

图 4.24

图 4.25   图 4.26

(3) 在浮动面板中单击 通道 按钮，显示【通道】面板，单击【通道】面板右上角的 ≡ 按钮，弹出下拉列表，在下拉列表中选择 新建专色通道... 命令，如图 4.27 所示，弹出【新建专色通道】对话框，具体设置如图 4.28 所示，单击 确定 按钮即可得到如图 4.29 所示的图像，【通道】面板如图 4.30 所示。

图 4.27   图 4.28

图 4.29   图 4.30

提示：在图 4.28 中，如果选择自定义颜色，则可以使印刷服务供应商较容易地提供合适的油墨以重现图像。密度(S):是介于 0%到 100%之间的一个数值，它使用户可以在屏幕上模拟印刷的专色的密度。用数值 100%模拟能够完全覆盖下层油墨的油墨(如金属质感油墨)；用数值 0%模拟能够完全显示下层油墨的透明油墨。还可以用 密度(S): 查看其他透明专色的显示位置，密度(S):和 颜色:只影响屏幕预览，符合印刷，不影响印刷的分离效果。

2. 修改专色通道

在 Photoshop CS4 中，用户可以通过编辑专色通道来添加或删除其中的颜色(通常是更改专色通道的颜色或屏幕的颜色密度)，还可以使用图像的颜色通道合并专色通道。

(1) 接着上面往下做。单击【通道】面板右上角的 按钮，弹出下拉列表，在下拉列表中选择 新建专色通道... 命令，弹出【新建专色通道】对话框，具体设置如图 4.31 所示。

(2) 单击【新建专色通道】面板中【颜色】右边的 图标，弹出【颜色库】对话框，需要选择所需要的颜色即可，具体设置如图 4.32 所示，单击 确定 按钮，返回到【新建专色通道】对话框，单击 确定 按钮即可创建一个新的通道，如图 4.33 所示。

图 4.31

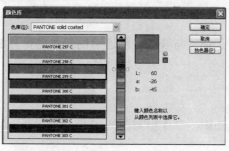
图 4.32

图 4.33

(3) 将工具箱中的前景色设置为黑色，选择 (自定义形状工具)，其属性选项栏的设置如图 4.34 所示，在画面中绘制如图 4.35 所示的图形。

图 4.34

图 4.35

(4) 单击【通道】面板中的 专色2 通道图层，使它成为当前可编辑通道，然后再选择 (自定义形状工具)，其属性选项栏的设置如图 4.36 所示，在画面中绘制如图 4.37 所示的图形。

(5) 单击【通道】面板中的 专色1 通道图层，使它成为当前可编辑状态，单击【通道】面板中的 按钮，弹出下拉列表，在下拉列表中单击 合并专色通道 (G) 命令，即可将专色通道转换为颜色通道并与颜色通道合并，如图 4.38 所示。

图 4.36　　　　　　　图 4.37　　　　　　　图 4.38

说明： 当专色通道被转换为颜色通道并与颜色通道合并时，专色通道将被从面板中删除。合并专色通道可以拼合分层图像，合并的复合图像能够反映预览专色信息，包括对"密度"的设置。

4.2.5　案例小结

该案例主要介绍了创建与修改专色通道的相关操作方法，在该案例中要重点掌握专色通道的修改。

4.2.6　举一反三

根据本案例所讲知识，制作出如图 4.39 所示的效果。

图 4.39

4.3　管理通道

4.3.1　案例效果

本案例的效果图如图 4.40 所示。

图 4.40

4.3.2 案例目的

通过该案例的学习，使读者熟练掌握通道的管理。

4.3.3 案例分析

本案例主要介绍通道的管理相关操作。大致步骤是先复制通道，然后重新排列和重命名通道，之后应用通道，然后分离通道、合并通道，最后删除通道。

4.3.4 技术实训

通道的管理主要包括：复制通道、重新排列通道、重命名通道、应用通道、分离通道、合并通道、删除通道。

1. 复制通道

(1) 新建一个大小为 400×300 像素、模式为 RGB、内容为白色的文件。

(2) 按 D 键使色板复位，选择工具箱中的 (横排文字蒙版工具)，其属性选项栏的设置如图 4.41 所示。在画面中输入如图 4.42 所示的文字，单击 ✔ 按钮，即可得到如图 4.43 所示的选区。

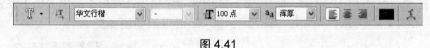

图 4.41

图 4.42   图 4.43

(3) 在【通道】面板中单击 (将选区存储为通道)按钮，得到【Alpha1】通道并激活它，如图 4.44 所示，画面效果如图 4.45 所示。

(4) 将鼠标指针移到【通道】面板中的 Alpha 1 通道层上，按住鼠标左键的同时拖到【通道】面板底部的 (创建新通道)按钮上，当呈凹下状态(如图 4.46 所示)时松开鼠标左键，即可复制一个通道，如图 4.47 所示。

 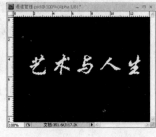  

图 4.44   图 4.45   图 4.46   图 4.47

(5) 按 Ctrl+D 组合键取消选择，单击菜单栏中的 滤镜(T) → 模糊 → 高斯模糊... 命令，弹出【高斯模糊】设置对话框，具体设置如图 4.48 所示，单击 确定 按钮即可得到如图 4.49 所示的效果。

(6) 在菜单栏中单击 图像(I) → 调整(A) → 反相(I) 命令，即可得到如图 4.50 所示的效果。

图 4.48   图 4.49   图 4.50

(7) 将【通道】面板中的 Alpha 1 副本 通道复制一个新通道，如图 4.51 所示。

(8) 在菜单栏中单击 滤镜(T) → 像素化 → 彩色半调... 命令，弹出【彩色半调】设置对话框，具体设置如图 4.52 所示，单击 确定 按钮，即可得到如图 4.53 所示的效果。

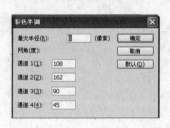
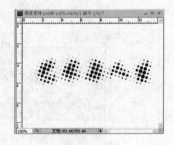

图 4.51   图 4.52   图 4.53

2. 重新排列和重命名通道

在 Photoshop CS4 中，默认颜色通道一般出现在【通道】面板的顶部，接着是专色通道、Alpha 通道。用户不能移动或重命名默认通道，但可以重新排列或重命名专色通道和 Alpha 通道。

1) 重命名通道

双击【通道】面板中 Alpha 1 副本 2 通道中的 Alpha 1 副本 2 图标，此时 Alpha 1 副本 2 高亮度显示并呈现可编辑状态，如图 4.54 所示，在其中输入"Alpha 2"，按 Enter 键确认，即可将 Alpha 1 副本 重命名为"Alpha 2"，如图 4.55 所示。

2) 重新排列通道

将鼠标指针移动到 Alpha 2 通道上，按住鼠标左键的同时拖动鼠标指针到 Alpha 通道的上方，如图 4.56 所示，松开鼠标后的界面如图 4.57 所示。

图 4.54　　　　　　　图 4.55　　　　　　　图 4.56　　　　　　　图 4.57

3．应用通道

(1) 单击【通道】面板中的 RGB (复合通道)图标，在菜单栏中单击 滤镜(T) → 渲染 → 光照效果... 命令，弹出【光照效果】设置对话框，具体设置如图 4.58 所示，单击 确定 按钮即可得到如图 4.59 所示的效果。

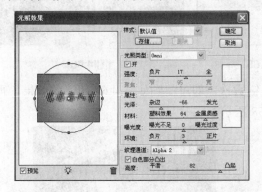
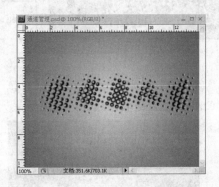

图 4.58　　　　　　　　　　　　　　　　图 4.59

(2) 在菜单栏中单击 滤镜(T) → 渲染 → 光照效果... 命令，弹出【光照效果】设置对话框，具体设置如图 4.60 所示，单击 确定 按钮即可得到如图 4.61 所示的效果。

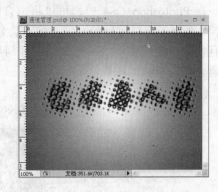

图 4.60　　　　　　　　　　　　　　　　图 4.61

(3) 在菜单栏中单击 图像(I) → 应用图像 (Y)... 命令，弹出【应用图像】设置对话框，具体设置如图 4.62 所示，单击 确定 按钮即可得到如图 4.63 所示的效果。

图 4.62   图 4.63

(4) 按住 Ctrl 键的同时单击【通道】面板中的 Alpha 1 通道，使 Alpha 1 通道载入选区，如图 4.64 所示，在菜单栏中单击 选择(S) → 修改(M) → 扩展(E)... 命令，弹出【扩展选区】设置对话框，具体设置如图 4.65 所示。单击 确定 按钮即可得到如图 4.66 所示的效果。

图 4.64   图 4.65   图 4.66

(5) 按住 Ctrl+Alt 组合键的同时按 ↑ 和 ← 键数次，即可得到如图 4.67 所示的效果，再按 Ctrl+D 组合键取消选择，最终效果如图 4.68 所示。

图 4.67   图 4.68

4. 分离通道

在 Photoshop CS4 中，可以将拼合图像的通道分离为单独的图像，分离后原文件被关闭，单个通道将以单独的灰度图像窗口显示。新窗口的命名规则是原文件名加通道的缩写，并且新窗口会保留上一次存储后的任何更改，而原文件不保留这些更改。下面介绍如何将通道分离为单独的图像。

(1) 打开如图 4.69 所示的图片。

图 4.69

(2) 单击浮动面板中的 通道 按钮，显示【通道】面板，再单击【通道】面板右上角的 按钮，在其下拉列表中选择【分离通道】命令，如图 4.70 所示，即可将图像分成 4 个灰度图像，如图 4.71 所示。

图 4.70

图 4.71

(3) 将 3 个文件进行排列，最终效果如图 4.72 所示。

图 4.72

5. 合并通道

在 Photoshop CS4 中，用户可以将多幅灰度图像合并成一幅彩色图像，例如可以使用灰度扫描仪通过红色滤镜、绿色滤镜和蓝色滤镜来扫描彩色图像，从而生成红色、绿色和蓝色的灰度图像，然后通过 Photoshop CS4 中的"合并"功能将单独的灰度扫描图像合成一幅彩色图像。

用户要特别注意：要合并的图像必须是"灰度"模式，具有相同的像素尺寸并且处于打开状态，如果图像大小不同，可以通过 Photoshop CS4 中的"图像大小"命令将它们改为图像大小相同的文件。

在 Photoshop CS4 中打开的灰度图像的数量将决定合并通道时可用的颜色模式。比如，不能将 RGB 图像中分离的通道合并到 CMYK 图像中，这是因为 CMYK 需要 4 个通道，而 RGB 只需要 3 个通道。可以将 CMYK 图像中分离的通道合并到 RGB 图像中，这是因为 CMYK 有 4 个通道，而 RGB 只需要 3 个通道，在合并时只要选择其中的任意 3 个即可。用户在合并时也可以改变合并通道的顺序，选择不同的合并顺序就会有不同的图像效果。

【操作练习】合并通道。

单击 ▣ photoshop.cs4蔡_B@ 100%(灰色/8#)* 图像文件标题，使它成为当前可编辑图像，然后在【通道】面板中单击 按钮，在其下拉列表中选择 合并通道 命令，如图 4.73 所示。弹出【合并通道】对话框，具体设置如图 4.74 所示。单击 [确定] 按钮，弹出【合并 RGB 通道】对话框，具体设置如图 4.75 所示，单击 [确定] 按钮，最终图像效果如图 4.76 所示。

图 4.73

图 4.74

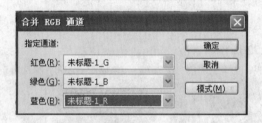

图 4.75

图 4.76

6. 删除通道

前面已经介绍过了，通道要占用一定的文件大小，所以在设计完成后，为了尽量减少文件的大小，需要将不需要的通道删除掉。通道的删除方法与图层的删除方法一样，在这里就不再叙述，请用户参考前面删除图层的方法操作。

4.3.5 案例小结

该案例主要介绍了管理通道的相关操作，在该案例中要重点掌握通道的排列、重命名及其应用。

4.3.6 举一反三

根据本案例所学知识，制作出如图 4.77 所示的效果。

图 4.77

第 **5** 章　任务自动化

知识点：

案例一：动作的概念及预设动作的使用

案例二：创建新动作和回放选项的设置

案例三：编辑动作

案例四：批处理

说明：

动作是 Photoshop CS4 中比较实用的内容，特别是做内容不同而步骤相同的操作时，是提高效率的一个很好的办法。例如，在网页设计中制作按钮、设置批处理图片尺寸和大小等。

教学建议课时数：

一般情况下需 6 课时，其中理论 2.5 课时、实际操作 3.5 课时(根据特殊情况可做相应调整)。

有时候用户设计了一个很好的特效，可下一次再做同样的特效时，却不记得制作的步骤了，为了解决这个问题，Photoshop CS4 为用户提供了"动作"这一功能，它能将设计过程中的所有制作步骤记录下来，并保存到 Photoshop CS4 的工作库中，以后用户需要制作同样的特效时，直接在动作库中进行播放即可。这样不仅节约了大量的时间，还保留了设计作品的制作过程。

5.1　动作的概念及预设动作的使用

5.1.1　案例效果

本案例的效果图如图 5.1 所示。

图 5.1

5.1.2　案例目的

通过该案例的学习，使读者熟练掌握预设动作的概念。

5.1.3　案例分析

本案例主要介绍动作的概念和预设动作的使用。大致步骤是先介绍动作的概念，然后使用预设动作。

5.1.4　技术实训

1．动作的概念

动作就是对单个文件或一批文件进行回放的一系列命令，在 Photoshop CS4 中大多数的命令和工具操作都可以记录在"动作"中。动作也可以停止，让用户执行无法记录的任务(使用绘画工具等)。动作还包含模态控制，可以让用户在播放动作时在对话框中输入值，在 Photoshop CS4 中动作是批处理的基础(批处理是可以自动处理拖移到其图标上的所有文件的小应用程序)。

2．使用预设动作

(1) 新建一个大小为 400×250 像素、模式为 RGB、内容为白色的图像文件。

(2) 在工具箱中选择▬(渐变工具)，▬▬(渐变工具)属性选项栏的设计如图 5.2 所示，然后按住 Shift 键的同时从画面的上边向下边拖动，为画面创建一个渐变填充，效果如图 5.3 所示。

图 5.2 　　　　　　　　　　　　　　　　图 5.3

(3) 按 D 键复位色板(输入法在英文状态时，此功能才起作用)，选择工具箱中的 T(横排文字工具)，T(横排文字工具)属性选项栏的设置如图 5.4 所示。在画面中输入文字，并单击 ✔ 按钮，得到如图 5.5 所示的文字。

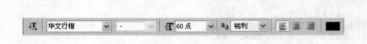

图 5.4 　　　　　　　　　　　　　　　图 5.5

(4) 单击浮动面板中的 样式 按钮，显示【样式】面板，并在其中单击 □(双重绿色熔渣)按钮如图 5.6 所示，即可得到如图 5.7 所示的文字效果。

(5) 单击浮动面板中的 动作 按钮，显示【动作】面板，选择如图 5.8 所示的动作，单击 ▶(播放选区)按钮，弹出如图 5.9 所示的【信息】提示框，在【信息】提示框中单击 继续(C) 按钮，运行后即可得到如图 5.10 所示的效果。

(6) 使用 ✛(移动工具)将文字移到画面中间的文字上，最终效果如图 5.11 所示。

图 5.6 　　　　　　　　　　图 5.7 　　　　　　　　　　图 5.8

图 5.9 　　　　　　　　　　图 5.10 　　　　　　　　　图 5.11

5.1.5 案例小结

该案例主要介绍了动作的概念和预设动作的使用，在该案例中要重点掌握预设动作的使用。

5.1.6 举一反三

根据前面所学知识，制作出图 5.12 所示的效果。

图 5.12

5.2 创建新动作和回放选项的设置

5.2.1 案例效果

本案例的效果图如图 5.13 所示。

图 5.13

5.2.2 案例目的

通过该案例的学习，使读者熟练掌握创建新动作和回放选项的设置。

5.2.3 案例分析

本案例主要介绍创建新动作和回放选项的设置。大致步骤是首先创建新序列，然后创建新动作，最后设置回放选项。

5.2.4 技术实训

在创建新动作时，所有操作的命令和工具都被记录在动作中，直到单击■(停止记录)按钮为止。如果用户需要创建很多新动作，可以通过创建新序列来进行管理。

1．创建新序列

单击浮动面板中的 动作 按钮，在打开的【动作】面板中单击底部的 （创建新组）按钮，弹出【新建组】对话框，具体设置如图 5.14 所示。单击 确定 按钮，即可得到一个序列，如图 5.15 所示。

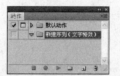

图 5.14　　　　　　　　　　　　　　　　　　　　　图 5.15

2．创建新动作

(1) 单击【动作】面板中的 （创建新动作）按钮，弹出【新建动作】对话框，具体设置如图 5.16 所示，单击 记录 按钮，开始记录操作步骤，如图 5.17 所示。

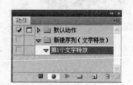

图 5.16　　　　　　　　　　　　　　　　　　　　　图 5.17

(2) 新建一个大小为 400×200 像素、模式为 RGB 颜色、内容为白色的图像文件，如图 5.18 所示。

(3) 单击工具箱中的 **T**(横排文字工具)，**T**(横排文字工具)属性选项栏的设置如图 5.19 所示。在画面中输入文字，单击 ✔ 按钮，即可得到如图 5.20 所示的文字。

图 5.18　　　　　　　　　　图 5.19　　　　　　　　　　图 5.20

(4) 单击浮动面板中的 图层 按钮，显示【图层】面板，然后双击 **T** 文字特效制作 图层，弹出【图层样式】设置对话框，设置文字的【斜面和浮雕】、【颜色叠加】、【描边】选项，如图 5.21～图 5.23 所示，设置完毕后单击 确定 按钮，即可得到如图 5.24 所示的文字效果。

(5) 单击【动作】面板中的 ■(停止播放/记录)按钮，如图 5.25 所示，这样就完成了动作的记录。

图 5.21   图 5.22   图 5.23

图 5.24   图 5.25

(6) 如果要播放该动作，先单击【第 1 个文字特效】动作以选定该动作，如图 5.26 所示，然后单击 ▶ (播放选定的动作)按钮即可播放动作，同时生成一个与原先相同的带有文字效果的文件，如图 5.27 所示。

图 5.26   图 5.27

3. 回放选项的设置

用户在记录长而复杂的动作时，有时不能正常播放，而且很难断定问题发生在什么地方。为了解决这个问题，Photoshop CS4 提供了【回放选项】命令，在【回放选项】命令中提供了播放动作的 3 种速度，使用户可以看清楚每一条命令的执行情况。

当处理包含语言注释的动作时，可以指定在播放语言注释时动作是否暂停，这样就可以确保在每个语言注释播放完之后再执行下一步动作。

设置回返选项的步骤如下。

(1) 切换到【动作】面板，选择需要设置播放速度的动作，然后单击【动作】面板右

上角的 按钮，在其下拉列表中选择命令，弹出【回放选项】对话框，具体设置如图 5.28 所示。单击【确定】按钮即可完成设置。

图 5.28

(2) 如果用户想测试一下刚才设置的"回放选项"是否生效，只要单击【动作】面板底部的 ▶(播放选定的动作)按钮，即可看到播放的动作比以前慢了很多，说明设置已经生效。

5.2.5　案例小结

该案例主要介绍了创建新动作和回放选项的设置，在该案例中要重点掌握如何创建新动作。

5.2.6　举一反三

根据前面所学知识，创建一个文字特效新动作，文字效果如图 5.29 所示。

图 5.29

5.3　编　辑　动　作

5.3.1　案例效果

本案例的效果图如图 5.30 所示。

图 5.30

5.3.2 案例目的

通过该案例的学习，使读者熟练掌握动作的编辑。

5.3.3 案例分析

本案例主要介绍编辑动作。大致步骤是先重新排列动作和命令、复制/删除命令和动作，最后插入其他命令。

5.3.4 技术实训

用户记录了一个动作，但有时候该动作并不能满足用户的需要，在 Photoshop CS4 中，用户可以对记录的动作进行修改，这样就避免了对动作重新记录的麻烦，提高了工作效率。对动作的编辑主要包括：重新排列动作和命令、在动作中添加其他操作命令、重新记录、复制/删除命令和动作、更改动作选项等。

1. 重新排列动作和命令、复制/删除命令和动作

在 Photoshop CS4 中，重新排列动作和命令、复制/删除命令和动作与图层或通道的操作方法基本一样，这里就不再详细介绍。

2. 插入其他命令

(1) 打开上次创建的文件，单击浮动面板中的 动作 按钮，显示【动作】面板，然后单击 建立 文本图层 图标，按下 ● (开始记录)按钮，图像效果与【动作】面板如图 5.31 所示。

(2) 单击浮动面板中的 图层 按钮，显示【图层】面板，并激活背景图层，如图 5.32 所示。

图 5.31

图 5.32

(3) 在工具箱中单击 ■(渐变工具)，■(渐变工具)属性选项栏的设置如图 5.33 所示，按住 Shift 键的同时在画面中从上往下拖动，使鼠标指针产生如图 5.34 所示的渐变效果。单击 ■(停止播放/记录)按钮停止记录，【动作】面板如图 5.35 所示。

图 5.33

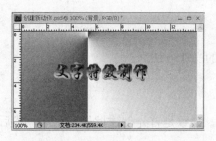

图 5.34

图 5.35

5.3.5　案例小结

该案例主要介绍了编辑动作，在该案例中重点掌握插入其他命令和动作过程中命令的删除。

5.3.6　举一反三

根据前面所学知识，在"第 1 个文字特效"动作的基础上进行修改，制作的效果如图 5.36 所示。

图 5.36

5.4　批　处　理

5.4.1　案例效果

本案例的效果图如图 5.37 所示。

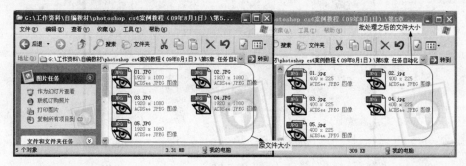

图 5.37

5.4.2 案例目的

通过该案例的学习，使读者熟练掌握批处理的操作方法。

5.4.3 案例分析

本案例主要介绍批处理文件的具体操作步骤。大致是首先创建批处理动作，然后对图片进行批处理。

5.4.4 技术实训

随着社会的进步、科技的发展，使用数码相机的人越来越多，出去旅游一次可能会拍摄几百张照片，回到家里需要对所拍的几百张照片进行相同的处理。如果一张一张地处理，会非常麻烦，也消耗用户的大量宝贵时间。在 Photoshop CS4 中为用户提供了批量处理，这样避免了用户重复操作的烦恼。

在批处理中，可以打开、关闭所有文件并存储对原文件的更改，或将更改后的文件存储到新位置。如果要将处理过的文件存储到新位置，必须在批处理开始前先为其创建一个新文件夹。如果需要提高批处理的性能，用户最好是取消选择【历史记录】面板中的【自动创建第一幅快照】选项。

【操作练习】使用批处理命令。

(1) 按 Ctrl+O 组合键，弹出【打开】对话框，选择文件所在的路径，在其中选择要打开的图片，如图 5.38 所示，再单击 打开(O) 按钮打开一幅图片。

图 5.38

(2) 单击【动作】面板中的(创建新动作)按钮，弹出【新建动作】对话框，具体设置如图 5.39 所示，单击 记录 按钮，开始记录。

(3) 在菜单栏中单击 图像(I) → 图像大小(I)... 命令，弹出【图像大小】对话框，具体设置如图 5.40 所示，单击 确定 按钮，即可完成对图片大小的更改。

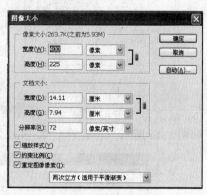

图 5.39　　　　　　　　　　　　　　　　图 5.40

(4) 按 Ctrl+Shift+S 组合键，弹出【存储为】对话框，具体设置如图 5.41 所示，单击 保存(S) 按钮保存文件，此时弹出【JPEG 选项】对话框，具体设置如图 5.42 所示，单击 确定 按钮，即可保存文件。

图 5.41

(5) 单击【动作】面板中的(停止播放/记录)按钮，完成整个动作的记录，单击所打开图像右上角的 × 按钮，关闭改变了大小的图像文件，如图 5.43 所示。

图 5.42   图 5.43

(6) 在菜单栏中单击 文件(E) → 自动(U) → 批处理(B)... 命令，弹出【批处理】对话框，具体设置如图 5.44 所示，设置好后单击 确定 按钮即可完成批处理。

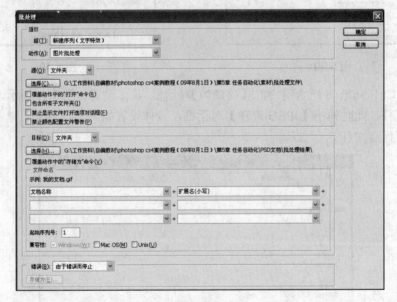

图 5.44

(7) 打开"批处理文件"和"批处理结果"两个文件夹进行对比，会发现文件的大小都比原来小了，如图 5.45 所示。

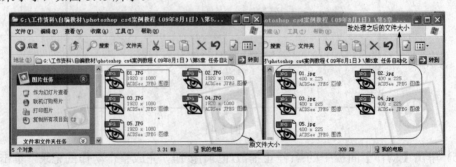

图 5.45

5.4.5　案例小结

　　该案例主要介绍了批处理文件的具体操作，在该案例中要重点掌握批处理动作的创建和【批处理】对话框的设置。

5.4.6　举一反三

　　根据前面所学知识，创建如图 5.46 左图所示的批处理动作，播放所创建的动作，最终结果如图 5.46 右图所示。

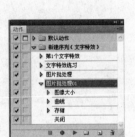

图 5.46

第**6**章　滤　镜

知识点：

案例一：使用滤镜的注意事项和步骤

案例二：【滤镜库】和【液化】滤镜的使用

案例三：【图案生成器】和【风格化】滤镜的使用

案例四：【画笔描边】和【模糊】滤镜的使用

案例五：【扭曲】和【锐化】滤镜的使用

案例六：【素描】和【纹理】滤镜的使用

案例七：【像素化】和【渲染】滤镜的使用

案例八：【艺术效果】和【杂色】滤镜的使用

说明：

本章主要通过 8 个案例全面介绍 Photoshop 中滤镜的作用和使用方法。在使用滤镜前一定要先理解滤镜的概念及其各参数的作用。通过多次改变滤镜参数来对比结构差异是掌握滤镜的最佳方法。

教学建议课时数：

一般情况下需 16 课时，其中理论 6 课时、实际操作 10 课时(根据特殊情况可做相应调整)。

当透过一块变形的玻璃或彩色的玻璃观看一幅图像时，图像会变形或变色。在 Photoshop CS4 中滤镜的功能就与其类似，使用滤镜相当于在图像的上面放一块过滤玻璃镜头，使原来的图像发生变化，从而产生各种特殊的效果。

在 Photoshop CS4 中滤镜是最具有特色的工具之一，充分而适度地使用好滤镜不仅可以制作出好的图像效果(掩盖图像的缺陷)，还可以使图像产生意想不到的效果。

在使用滤镜之前，用户必须先了解滤镜的一些基本原则和操作技巧，以便在学习、使用滤镜时能有一个总的指导思想。

6.1 使用滤镜的注意事项和步骤

6.1.1 案例效果

本案例的效果图如图 6.1 所示。

图 6.1

6.1.2 案例目的

通过该案例的学习，使读者了解使用滤镜的注意事项和步骤。

6.1.3 案例分析

本案例主要介绍滤镜使用的注意事项、一般操作步骤和【抽出】滤镜的使用。大致步骤是先介绍使用滤镜的注意事项，然后介绍使用滤镜的一般步骤，最后使用【抽出】滤镜抽出图像。

6.1.4 技术实训

1. 使用滤镜的注意事项

使用滤镜时，需要注意以下一些事项。

(1) 滤镜只能应用于当前的可视图层且可以反复使用，按 Ctrl+F 组合键可连续地应用滤镜，但一次只能应用在一个图层上。

(2) 使用滤镜时，如果图像中存在选区，那么滤镜只能在当前图层的选区内起作用；如果不存在选区，滤镜在整个当前图层中都起作用。

(3) 有一些滤镜只能应用于 RGB 图像模式，也有一些滤镜只能在内存中处理(即不占用暂存盘)。

(4) 上一次选择的滤镜的名称会出现在【滤镜】菜单的顶部，因此可以方便地对图像再次应用上次使用的滤镜效果。

(5) 滤镜不能应用于位图模式、索引颜色和 48 位 RGB 模式的图像。

(6) 在滤镜设置窗口中如果对所有调节的效果都不满意，希望恢复调节前的参数，只需要按 Alt 键，此时【取消】按钮变为【复位】按钮，单击此按钮就可以将参数重置为调节前的状态。

(7) 有一些滤镜很复杂或是要应用滤镜的图像尺寸很大，执行时会需要很长的时间，如果想结束正在生成的滤镜效果，按 Esc 键即可。

(8) 内置滤镜和安装的外挂滤镜都会在【滤镜】菜单中出现。

2. 使用滤镜的一般步骤

使用滤镜的一般步骤如下。

(1) 如果要将滤镜应用于图层中的某个区域，必须先选择该区域；如果要将滤镜应用于整个图层，则不需要选择任何图像。

(2) 从【滤镜】菜单中选择一个滤镜，如果滤镜的名称后面有省略号(…)，则会出现一个对话框。

(3) 如果出现对话框，则需要输入数值或设置相关的选项。

(4) 如果对话框包含预览窗口，则可以使用下列方法预览效果。

① 如果对话框包含滑块，则在拖动滑块的同时可以看到该效果的实时预览。

② 在图像窗口中单击鼠标，使图像的特定区域位于预览窗口的中央。

③ 在预览窗口中拖动鼠标指针，使图像的特定区域位于窗口的中央。

④ 使用预览窗口下方的【+】或【-】按钮，可以放大或缩小预览部分，但不影响图像的实际输出。

(5) 如果【预览】选项可用，用户可以预览整个图像使用滤镜后的效果。

3. 使用【抽出】滤镜抽出图像

在 Photoshop CS4 中， 抽出(X)... 滤镜是主要用于隔离前景对象并抹除它所在图层上的背景的一种高级方法。即使是边缘细微、复杂或无法确定边界的图像，用户也不需要花费太多的时间就可以将图像从背景中抽出。

1) 使用 抽出(X)... 滤镜抽出图像的操作步骤

(1) 标记出需要抽出的图像边缘，并对要保留的部分进行填充，也可以先预览。

(2) 对抽出的图像进行重做或修饰。

(3) 当抽出图像时，Photoshop CS4 将图像的背景抹除为透明，图像边缘上的像素将丢失原来的颜色图素，这样图像边缘的像素和新背景混合后不产生色晕。

2) 使用【抽出】滤镜抽出图像

(1) 打开如图 6.2 所示的图片。

(2) 单击 滤镜(T) → 抽出(X)... 命令，弹出如图 6.3 所示的对话框。

图 6.2

图 6.3

对图 6.3 所示对话框中各图标的功能说明如下。

① (边缘高光器工具)：绘制要保留的区域的边缘。

② (填充工具)：填充要保留的区域。

③ (橡皮擦工具)：擦除边缘的高光。

④ (吸管工具)：当【强制前景】被勾选时，可用此工具吸取要保留的颜色。

⑤ (清除工具)：使蒙版变为透明，如果按 Alt 键则效果相反。

⑥ (边缘修饰工具)：修饰边缘的效果，如果按 Shift 键则可以移动边缘像素。

⑦ (缩放工具)：放大或缩小图像。

⑧ (抓手工具)：当图像无法完整显示时，可以使用此工具对其进行移动操作。

对图 6.3 所示对话框中各选项的功能说明如下。

① 画笔大小 1 (画笔大小)：指定边缘高光器、橡皮擦、清除和边缘修饰工具的宽度。

② 高光: 绿色 (高光)：可以选择或自定义一种高光颜色。

③ 填充: 蓝色 (填充)：可以选择或自定义一种填充颜色。

④ □智能高光显示(智能高光显示)：可以根据边缘特点自动调整画笔的大小来绘制高光，在对象和背景有相似的颜色或纹理时，勾选此项可以大大改进抽出效果。

⑤ 平滑: 0 (平滑)：平滑对象的边缘。

⑥ 通道: 无 (通道)：使高光存储在 Alpha 通道的选区中。

⑦ □强制前景(强制前景)：在高光显示区域抽出与强制前景色颜色相似的区域。

⑧ 颜色 (颜色)：指定强制前景色的颜色。

⑨ 显示: 抽出的 (显示)：可从其下拉列表框中选择预览时显示原图像还是显示抽出后的效果。

⑩ 效果: 无 (效果)：可从其下拉列表框中选择抽出后背景的显示方式。

⑪ □显示高光(显示高光)：勾选此项，可以显示出绘制的边缘高光。

⑫ □显示填充(显示填充)：勾选此项，可以显示出对象内部的填充色。

(3) 在【抽出】设置对话框中选择 ∠ (边缘高光器工具)，并在右边设置【画笔大小】为"5"，【高光】为"绿色"，【填充】为"蓝色"，勾选【智能高光】复选框，【抽出】选项栏中的【平滑】为"0"，其他参数为默认设置，然后在中间的预览框中绘制如图 6.4 所示的线条。如果是比较复杂的图片，用户可以通过不断设置【画笔大小】来绘制线条，对绘制错了的线条可以使用 ∠ 橡皮擦工具擦除。

图 6.4

(4) 选择 ◇ (填充工具)，在线条内单击即可使线条内的区域填充为蓝色，如图 6.5 所示。用户要特别注意：所绘制的线条必须是封闭的，这样才能把要抽出的对象与背景完全隔离开，否则是无法进行填充的。

图 6.5

(5) 单击 预览 按钮，直接在【抽出】对话框中进行预览，如图 6.6 所示。如果对预览框中的预览效果满意，则直接单击 确定 按钮。

图 6.6

(6) 选择 (清除工具)，在预览框中按住鼠标指针的同时，在不需要的内容处拖动鼠标指针，清除不需要的内容，如图 6.7 所示。

图 6.7

(7) 单击 确定 按钮，即可得到如图 6.8 所示的效果。

图 6.8

6.1.5 案例小结

该案例主要介绍了滤镜使用的注意事项、一般操作步骤和【抽出】滤镜的使用，在该案例中应重点掌握使用滤镜的注意事项和一般步骤。

6.1.6 举一反三

打开图 6.9 左图所示的两幅图片，根据前面所学知识，制作出图 6.9 右图所示的效果。

图 6.9

6.2 【滤镜库】和【液化】滤镜的使用

6.2.1 案例效果

本案例的效果图如图 6.10 所示。

图 6.10

6.2.2 案例目的

通过该案例的学习，使读者了解【滤镜库】和【液化】滤镜的作用和使用方法。

6.2.3 案例分析

本案例主要介绍【滤镜库】和【液化】滤镜的作用和使用方法。大致步骤是先介绍【滤镜库】的作用和使用方法，然后介绍【液化】滤镜的作用和使用方法。

6.2.4 技术实训

1. 【滤镜库】滤镜的作用和使用方法

在 Photoshop CS4 中，为了集中管理滤镜，提供了【滤镜库】的功能，在【滤镜库】

中用户直接单击所需要的效果，系统便会自动地将效果应用到图像中。

　　使用【滤镜库】可以积累地应用滤镜，也可多次应用单个滤镜，用户还可以重新排列滤镜的次序，或更改已应用的滤镜的设置参数，来达到所需要的效果，但不是所有的滤镜都可以通过【滤镜库】来应用。

　　在菜单栏中单击 滤镜(T) → 滤镜库(G)... 命令，弹出如图6.11所示的设置对话框。

图 6.11

　　【滤镜库】产生的滤镜效果是由滤镜的选择顺序决定的。在应用滤镜之后，可通过在已应用的滤镜列表中将滤镜名称拖到不同的位置来重新排列它们，重新排列滤镜的次序可以得到不同的图像效果。单击滤镜旁边的 图标，可在预览图像框中隐藏滤镜效果。如果用户不再需要所应用的滤镜，可以在应用滤镜列表中单击该滤镜，使其成为当前可操作滤镜，然后单击 按钮即可删除已应用的滤镜效果，如图6.12所示。

图 6.12

2. 【液化】滤镜的作用和使用方法

在 Photoshop CS4 中，【液化】滤镜主要用于对图像的某区域进行推、拉、旋转、反射、折叠和膨胀的处理，它是修饰图像和创建艺术效果的强大工具之一。

(1) 打开如图 6.13 所示的图片。

图 6.13

(2) 单击菜单栏中的 滤镜(T) 项，弹出下拉菜单，在下拉菜单中单击 液化(L)... 命令，弹出如图 6.14 所示的对话框。

图 6.14

对图 6.14 所示对话框中各选项的功能说明如下。

(向前变形工具)：向前推像素，按住 Shift 键的同时选择变形工具、左推工具或镜像工具，可创建从单击点沿直线向前拖移的效果。

(重建工具)：将用户对图像进行的操作恢复到初始状态。

(顺时针旋转扭曲工具)：在按住鼠标左键不放或拖移时，可顺时针旋转像素。如果要逆时针旋转像素，在按住 Alt 键的同时，拖动鼠标即可。

(褶皱工具)：在按住鼠标左键或拖动鼠标时，使像素朝着画笔区域的中心移动。

◇(膨胀工具)：在按住鼠标左键或拖动鼠标时，使像素朝着离开画笔区域中心的方向移动。

⊯(左推工具)：当垂直向上拖移该工具时，像素向左移动。也可以对对象顺时针拖移，以增加其大小，或逆时针拖移，以减小其大小。如果要在垂直方向上拖移，必须在按住 Alt 键不放的同时向右推像素。

⊠(镜像工具)：将像素拷贝到画笔区域，以反射与描边方向垂直的区域。按住 Alt 键并拖动鼠标，将反射与描边方向相反的区域。一般情况下，冻结了要反射的区域后，按住 Alt 键并拖动鼠标可产生更好的效果。使用重叠描边可创建类似于水中倒影的效果。

≋(湍流工具)：平滑地混杂像素，它可用于创建火焰、云彩、波浪和相似的效果。

☑(冻结蒙版工具)：绘制的区域将不会被其他工具改变，起到保护图像的作用。

☑(解冻蒙版工具)：恢复图像被保护区域，便于应用效果。

✋(手抓工具)：用于移动预览图像。

🔍(缩放工具)：用于缩放预览图像。

(3) 应用不同的工具可以得到不同的效果，如图 6.15 所示。

原始图片

向前变形工具

重建工具效果

顺时针旋扭曲工具效果

褶皱工具效果

膨胀工具效果

左推工具效果

镜像工具效果

湍流工具效果

冻结蒙版工具效果

解冻蒙版工具效果

图 6.15

6.2.5 案例小结

该案例主要介绍了【滤镜库】和【液化】滤镜的作用和使用方法。在该案例中要重点掌握【滤镜库】的作用和使用方法。

6.2.6 举一反三

打开图 6.16 左图所示的图片，根据前面所学知识，制作出图 6.16 右图所示的效果。

图 6.16

6.3 【图案生成器】和【风格化】滤镜的使用

6.3.1 案例效果

本案例的效果图如 6.17 所示。

图 6.17

6.3.2 案例目的

通过该案例的学习，使读者了解【图案生成器】和【风格化】滤镜的作用和使用方法。

6.3.3 案例分析

本案例主要介绍【图案生成器】和【风格化】滤镜的作用和使用方法。大致步骤是先介绍【图案生成器】滤镜的作用，然后利用【图案生成器】滤镜生成图案，之后介绍【风格化】滤镜的作用，最后是【风格化】滤镜的使用方法。

6.3.4　技术实训

1．【图案生成器】滤镜的作用

在 Photoshop CS4 中，【图案生成器】可以根据用户选区或剪贴板中的内容创建无数种图案，并且图案是基于样本中的像素的，所以它能与样本图像具有相同的视觉特性。可以使用【图案生成器】重排样本区域中的像素来创建拼贴(通过拼贴来生成图案)，且拼贴的尺寸可以是任意大小。

注意：在 Photoshop CS4 中，【图案生成器】命令只对 RGB 颜色模式、CMYK 颜色模式、Lab 颜色模式和灰度图像模式的 8 位图像有效。

2．利用【图案生成器】滤镜生成图案

(1) 打开一幅图片，如图 6.18 所示。

图 6.18

(2) 在菜单栏中单击 滤镜(T) → 图案生成器(F)... 命令，弹出如图 6.19 所示的设置对话框。

图 6.19

(3) 在【图案生成器】对话框中用选框工具框出一块图像，作为生成样本，其他参数的设置如图 6.20 所示。

图 6.20

(4) 参数设置完毕后，单击 [生成] 按钮，即可生成图案，效果如图 6.21 所示。单击 [确定] 按钮，完成图案的生成，最终效果如图 6.22 所示。如果用户对生成的图案不满意，可以再用选框工具框出选区进行生成，或直接单击 [生成] 按钮进行二次生成。

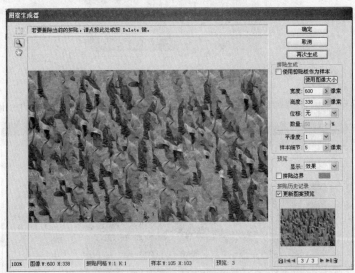

图 6.21

图 6.22

3. 【风格化】滤镜的作用

在 Photoshop CS4 中，【风格化】滤镜可以使图像产生印象派及其他风格化作品的效果。

在菜单栏中单击 滤镜(T) → 风格化 命令，弹出下级子菜单，在下级子菜单中主要包括了如图 6.23 所示的【风格化】命令。

图 6.23

对图 6.23 中各【风格化】命令的主要功能介绍如下。

(1) 查找边缘 滤镜：使图像产生用铅笔勾描出图像中物体轮廓的效果。

(2) 等高线 滤镜：使图像中的物体边缘画出一条较细的线。

(3) 风 滤镜：使图像产生一些水平线生成风吹的效果。

(4) 浮雕效果 滤镜：使图像产生浮雕效果。

(5) 扩散 滤镜：使图像产生透过磨砂玻璃看图像的效果。

(6) 拼贴 滤镜：使图像产生分成多块瓷砖状的效果。

(7) 曝光过度 滤镜：使图像产生类似摄影中的过度曝光的效果。

(8) 凸出 滤镜：使图像产生立体感效果。

(9) 照亮边缘 滤镜：使图像产生的轮廓边缘发光，从而使轮廓更加清晰。

4. 【风格化】滤镜的使用

(1) 打开如图 6.24 所示的图片。

(2) 在菜单栏中单击的 滤镜(T) → 风格化 → 查找边缘 命令，即可得到如图 6.25 所示的效果。

图 6.24

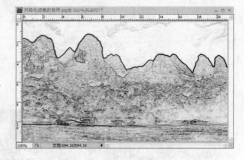

图 6.25

(3) 在菜单栏中单击的 滤镜(T) → 风格化 → 扩散 命令，弹出【扩散】设置对话框，具体设置如图 6.26 所示。单击 确定 按钮，图像效果如图 6.27 所示。

图 6.26　　　　　　　　　　　　　　　　　　　图 6.27

　　(4) 其他【风格化】滤镜的操作方法和参数设置与【风格化】中的【查找边缘】和【扩散】滤镜的操作方法基本相同，在这里就不再叙述，请读者自己去体验。

6.3.5　案例小结

　　该案例主要介绍了【图案生成器】和【风格化】滤镜的作用和使用方法。在该案例中要重点掌握【风格化】滤镜的作用和使用方法。

6.3.6　举一反三

　　打开图 6.28 左图所示的图片，根据前面所学知识，制作出图 6.28 右图所示的效果。

图 6.28

6.4　【画笔描边】和【模糊】滤镜的使用

6.4.1　案例效果

　　本案例的效果图如图 6.29 所示。

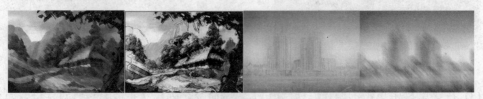

图 6.29

6.4.2 案例目的

通过该案例的学习，使读者了解【画笔描边】和【模糊】滤镜的作用和使用方法。

6.4.3 案例分析

本案例主要介绍【画笔描边】和【模糊】滤镜的作用和使用方法。大致步骤是先介绍【画笔描边】滤镜的作用，然后介绍【画笔描边】滤镜的使用，之后介绍【模糊】滤镜的作用，最后是【模糊】滤镜的使用。

6.4.4 技术实训

1.【画笔描边】滤镜的作用

在 Photoshop CS4 中，【画笔描边】滤镜可以使图像产生被涂抹了的效果。也就是说【画笔描边】滤镜模拟使用不同的画笔和油墨来描边，从而创造出绘画效果的图像。有些滤镜向图像添加颗粒、绘画、杂色、边缘细节或纹理，以获得点状化效果。

注意： 【画笔描边】滤镜只能作用于 RGB 模式的图像，如果要作用于 CMYK、LAB 等模式，必须先将其转换成 RGB 模式后才能使用。

在菜单栏中单击 滤镜(T) → 画笔描边 命令，弹出下级子菜单，在下级子菜单中主要包括了如图 6.30 所示的"画笔描边"命令。

图 6.30

对各画笔描边命令的主要作用介绍如下。

(1) 成角的线条... 滤镜：产生笔画都向一个方向倾斜的效果。

(2) 墨水轮廓... 滤镜：在图像的颜色分界处产生用油墨勾画的轮廓效果。

(3) 喷溅... 滤镜：使画面上的色彩产生像水一样喷溅的效果。

(4) 喷色描边... 滤镜：使图像产生斜纹飞溅效果。

(5) 强化的边缘... 滤镜：对图像不同颜色之间的边界进行加宽和增亮处理。

(6) 深色线条... 滤镜：使图像产生很强的黑色阴影效果。

(7) 烟灰墨... 滤镜：通过计算图像上的像素色值分布，产生色值概括描绘原图效果。

(8) 阴影线... 滤镜：使绘图笔产生类似于两支笔交叉使用的效果，从而在画面上形成网格状的阴影。

2. 【画笔描边】滤镜的使用

(1) 打开如图 6.31 所示的图片。

(2) 在菜单栏中单击的 滤镜(T) → 画笔描边 → 成角的线条... 命令，弹出【成角的线条】对话框，具体设置如图 6.32 所示。单击 确定 按钮，图像效果如图 6.33 所示。【成角的线条】对话框中各个参数的设置请用户自己去体验。

图 6.31　　　　　　　　　图 6.32　　　　　　　　　图 6.33

(3) 按 Ctrl+Alt+Z 组合键使图像恢复原状。单击菜单栏中的 滤镜(T) → 画笔描边 → 墨水轮廓... 命令，弹出【墨水轮廓】对话框，具体设置如图 6.34 所示。单击 确定 按钮，图像效果如图 6.35 所示。【墨水轮廓】对话框中各个参数的设置请用户自己去体验。

(4) 其他【画笔描边】滤镜的操作方法和参数的设置与【画笔描边】中【墨水轮廓】滤镜的操作方法和参数设置方法基本相同，在这里就不再叙述了，请读者自己去体验。

3. 【模糊】滤镜的作用

在 Photoshop CS4 中，【模糊】滤镜可以使图像或选区的边缘产生模糊化效果，光滑边缘过于锐化的部分以及图片中的污点或划痕，柔化选区或整个图像(通过平衡图像中已定义的线条和遮蔽区域的清晰边缘旁边的像素，使图像变化显得柔和)。

在菜单栏中单击的 滤镜(T) → 模糊 项，此时，弹出下级子菜单，在下级子菜单中主要包括了如图 6.36 所示的命令。

图 6.34　　　　　　　　　图 6.35　　　　　　　　　图 6.36

对图 6.36 所示各个【模糊】命令的主要功能介绍如下。

(1) 表面模糊... ：使图像的表面产生一种雾状效果。

(2) 动感模糊...滤镜：产生沿某一方向运动的模糊效果。此滤镜的效果类似于以固定的曝光时间给一个移动的对象拍照。

(3) 方框模糊...滤镜：在图像表面产生一种四方块形式的模糊效果。

(4) 高斯模糊...滤镜：依据高斯曲线调节像素色值，以有选择地模糊图像。

(5) 进一步模糊滤镜：此滤镜生成的效果是【模糊】滤镜的 3 至 4 倍。

(6) 径向模糊...滤镜：模拟缩放或旋转的相机所产生的模糊，产生一种柔化的模糊。

(7) 镜头模糊...滤镜：向图像中添加模糊以产生更窄的景深效果，以便使图像中的一些对象在焦点内，而使另一些区域变模糊。

(8) 模糊 滤镜：产生模糊效果来模糊光滑边缘过于清晰或对比度过于强烈的区域。

(9) 平均 滤镜：找出图像或选区的平均颜色，然后用该颜色填充图像或选区，以创建平滑的效果。

(10) 特殊模糊...滤镜：精确地模糊图像。可以指定半径，确定滤镜要模糊的不同像素的距离；可以指定阈值，确定像素值的差别达到何种程度时应将其消除，还可以指定模糊品质，也可以为整个选区设置模糊，或为颜色转变的边缘设置模式。在对比度显著的地方，"仅限边缘"应用于黑白混合的边缘，而"叠加边缘"应用于白色的边缘。

(11) 形状模糊...滤镜：以选定的图像为参考进行模糊。

4. 【模糊】滤镜的使用

(1) 打开如图 6.37 所示的图片。

图 6.37

(2) 单击菜单栏中的 滤镜(T) 菜单，在下拉菜单中单击 模糊 命令，在下级子菜单中单击 表面模糊... 命令，弹出【表面模糊】对话框，具体设置如图 6.38 所示，单击 确定 按钮，图像效果如图 6.39 所示。【表面模糊】对话框中的各个参数的作用请用户自己去体验。

(3) 按 Ctrl+Alt+Z 组合键使图像恢复原状。单击菜单栏中的 滤镜(T) 菜单，在下拉菜单中单击 模糊 命令，在下级子菜单中单击 动感模糊... 命令，弹出【动感模糊】对话框，具体设置如图 6.40 所示，单击 确定 按钮，图像效果如图 6.41 所示。【动感模糊】对话框中各个参数的作用请用户自己去体验。

图 6.38

图 6.39

图 6.40

图 6.41

（4）其他【模糊】滤镜的操作方法和参数的设置与【模糊】滤镜中【动感模糊】滤镜的操作方法和参数设置方法基本相同，在这里就不再叙述，请读者自己去体验。

6.4.5　案例小结

该案例主要介绍了【画笔描边】和【模糊】滤镜的作用和使用方法。在该案例中重点应掌握【画笔描边】滤镜的作用和使用方法。

6.4.6　举一反三

打开图 6.42 左图所示的图片，根据本节所学知识，制作出图 6.42 右图所示的效果。

图 6.42

6.5 【扭曲】和【锐化】滤镜的使用

6.5.1 案例效果

本案例的效果图如图 6.43 所示。

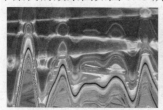

图 6.43

6.5.2 案例目的

通过该案例的学习，使读者了解【扭曲】和【锐化】滤镜的作用和使用方法。

6.5.3 案例分析

本案例主要介绍【扭曲】和【锐化】滤镜的作用和使用方法。大致步骤是先介绍【扭曲】滤镜的作用，然后介绍【扭曲】滤镜的使用，之后介绍【锐化】滤镜的作用，最后介绍【锐化】滤镜的使用。

6.5.4 技术实训

1. 【扭曲】滤镜的作用

在 Photoshop CS4 中，【扭曲】滤镜可以使图像产生几何扭曲、三维或其他的整形效果，从而使图像富有动感和变化。

在菜单栏中单击 滤镜(T) → 扭曲 命令，弹出下级子菜单，在下级子菜单中主要包括如图 6.44 所示的命令。

图 6.44

对图 6.44 所示的各【扭曲】命令的主要功能介绍如下。

(1) 波浪... ：使图像产生随机波浪的弯曲变形效果。

(2) 波纹… ：使图像产生波纹涟漪的效果。

(3) 玻璃… ：使图像产生仿佛用玻璃观察图片而形成的一系列细小波纹的效果。

(4) 海洋波纹… ：使图像产生海洋波纹一样的效果。

(5) 极坐标… ：使图像产生使直的物体变弯曲或弯曲的物体变直的效果。

(6) 挤压… ：使整个图像或选取范围内的图像产生向内或向外挤压的效果。

(7) 镜头校正 ：使整个图像产生透视效果。

(8) 扩散亮光… ：使图像产生光线照射物体后的效果。

(9) 切变… ：使图像产生弯曲变形(类似哈哈镜)的效果。

(10) 球面化… ：使图像产生球面(凹面或凸面)的效果。

(11) 水波… ：使图像产生水中涟漪的效果。

(12) 旋转扭曲… ：使图像产生漩涡状的效果。

(13) 置换… ：使图像产生不定方向的位移效果。

2. 【扭曲】滤镜的使用

(1) 打开如图 6.45 所示的图片。

图 6.45

(2) 在菜单栏中单击 滤镜(T) → 扭曲 → 波浪… 命令，弹出【波浪】对话框，具体设置如图 6.46 所示，单击 确定 按钮，图像效果如图 6.47 所示。【波浪】对话框中各个参数的作用请用户自己去体验。

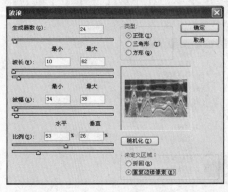

图 6.46

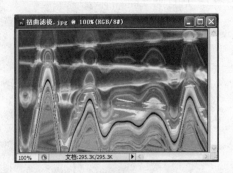

图 6.47

(3) 按 Ctrl+Alt+Z 组合键使图像恢复原状。在菜单栏中单击 滤镜(T) → 扭曲 → 波纹… 命令，弹出【波纹】对话框，具体设置如图 6.48 所示，单击 确定 按钮，图像效果如

图 6.49 所示。【波纹】对话框中各个参数的作用请用户自己去体验。

图 6.48

图 6.49

(4) 其他【扭曲】滤镜的操作方法和参数的设置与【扭曲】滤镜中【波纹】滤镜的操作方法和参数设置方法基本相同，在这里就不再叙述，请读者自己去体验。

3. 【锐化】滤镜的作用

在 Photoshop CS4 中，【锐化】滤镜通过增强邻近像素的对比度来消减图像的模糊，使图像更加清晰。

在菜单栏中单击 滤镜(T) → 锐化 命令，在其下级子菜单中主要包括如图 6.50 所示的命令。

图 6.50

对图 6.50 所示的各【锐化】命令的主要功能介绍如下。

(1) USM 锐化：使图像产生的轮廓锐化效果是 锐化 滤镜中锐化效果最明显的。

(2) 进一步锐化：比 锐化 滤镜有更强的锐化效果。

(3) 锐化：聚焦选区并提高其清晰度。

(4) 锐化边缘：锐化图像的轮廓，使不同的颜色之间分界明显，从而得到比较清晰的效果。

(5) 智能锐化...：跟 锐化 滤镜的作用差不多，但它提供了更多的参数供用户选择。

4. 【锐化】滤镜的使用

(1) 打开如图 6.51 所示的图片。

图 6.51

(2) 在菜单栏中单击 滤镜(T) → 锐化 → USM 锐化... 命令，弹出【USM 锐化】对话框，具体设置如图 6.52 所示，单击 确定 按钮，图像效果如图 6.53 所示。【USM 锐化】对话框中各个参数的作用请用户自己去体验。

图 6.52   图 6.53

(3) 其他【锐化】滤镜的操作方法和参数的设置与【锐化】滤镜中【USM 锐化】滤镜的操作方法和参数设置方法基本相同，在这里就不再叙述，请读者自己去体验。

6.5.5 案例小结

该案例主要介绍了【扭曲】和【锐化】滤镜的作用和使用方法。在该案例中要重点掌握【扭曲】滤镜的作用和使用方法。

6.5.6 举一反三

打开图 6.54 左图所示的图片，根据本节所学知识，制作出图 6.54 右图所示的效果。

图 6.54

6.6 【素描】和【纹理】滤镜的使用

6.6.1 案例效果

本案例的效果图如图 6.55 所示。

图 6.55

6.6.2　案例目的

通过该案例的学习，使读者了解【素描】和【纹理】滤镜的作用和使用方法。

6.6.3　案例分析

本案例主要介绍【素描】和【纹理】滤镜的作用和使用方法。大致步骤是先介绍【素描】滤镜的作用，然后介绍【素描】滤镜的使用，之后介绍【纹理】滤镜的作用，最后介绍【纹理】滤镜的使用。

6.6.4　技术实训

1．【素描】滤镜的作用

在 Photoshop CS4 中，【素描】滤镜使图像产生使用硬笔绘画的艺术效果，类似于素描的草图，适用于创建美术或手绘的效果。

注意：很多【素描】滤镜在重绘图像时使用前景色和背景色。

在菜单栏中单击 滤镜(T)→滤镜库(G)… 命令，弹出【滤镜库】对话框，在【滤镜库】对话框中单击 ▷ □ 素描 左边的 ▷ 图标，如图 6.56 所示。

图 6.56

对图 6.56 所示的各【素描】命令的主要功能介绍如下。

(1) 半调图案... ：在保持连续色调范围的同时，模拟半调网屏的效果，使图像产生铜版效果。

(2) 便条纸... ：创建的图像是用手工制作的大纸张构建的图像，使图像产生类似于浮雕的凹陷压印图案。

(3) 粉笔和炭笔... ：使图像产生用粉笔和炭精涂抹的炭精画的效果。

(4) 铬黄... ：使图像产生液态金属的感觉。

(5) 绘图笔... ：使图像产生素描效果。

(6) 基底凸现... ：使图像产生粗糙的浅浮雕效果。

(7) 水彩画纸... ：使图像产生浸湿、扩张的效果。

(8) 撕边... ：使图像的前景色和背景色的交界处产生溅射分裂的效果。

(9) 塑料效果... ：使图像产生石膏画的效果。

(10) 炭笔... ：使图像产生炭精画的效果。

(11) 炭精笔... ：在图像上模拟浓黑和纯白的炭精笔纹理。

(12) 图章... ：使图像简化，呈现用橡皮或木制图章盖印的样子，使用之前需要设置前景色与背景色，用于黑色图像时效果最佳。

(13) 网状... ：使图像表面产生网纹效果。

(14) 影印... ：使图像表面产生影印效果。

2. 【素描】滤镜的使用

(1) 打开如图 6.57 所示的图片。

(2) 在菜单栏中单击 滤镜(T) → 滤镜库(G)... 命令，弹出【滤镜库】对话框，具体设置如图 6.58 所示。设置完毕，单击 确定 按钮即可得到如图 6.59 所示的效果。

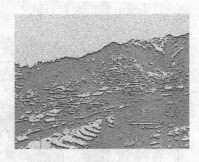

图 6.57　　　　　　　　　　图 6.58　　　　　　　　　　图 6.59

(3) 其他【素描】滤镜的操作方法和参数的设置与【素描】滤镜中【便条纸】滤镜的操作方法和参数设置方法基本相同，在这里就不再叙述，请读者自己去体验。

3. 【纹理】滤镜的作用

在 Photoshop CS4 中，【纹理】滤镜通过替换像素和增加像素的对比度，使图像的纹理加粗，产生夸张的效果。【纹理】滤镜主要侧重于对图像进行大面积的底纹的处理。

注意：纹理滤镜只适用于 RGB 模式。

在菜单栏中单击 滤镜(T)→ 滤镜库(G)... 命令，弹出【滤镜库】对话框，在【滤镜库】对话框中单击 ▷ 🗀 纹理 左边的 ▷ 图标，如图 6.60 所示。

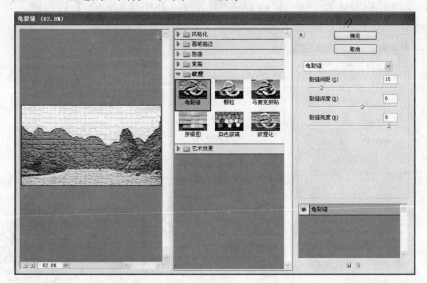

图 6.60

对图 6.60 所示的各【纹理】命令的主要功能介绍如下。

(1) 龟裂缝... ：将图像绘制在一个凸状的石膏表面上，沿着图像的等高线生成精细的网状裂缝，使图像产生凹凸的裂纹效果。

(2) 颗粒... ：通过模拟不同种类的颗粒，对图像添加纹理，使图像按规定的方式形成各种颗粒纹理的效果。

(3) 马赛克拼贴... ：绘制图像，使它看起来像是由小的碎片拼贴组成的，然后在拼贴处填充颜色，使图像产生由许多不规则的马赛克拼贴出来的效果。

(4) 拼缀图... ：将图像分解为用该区域的主色填充的正方形，它能随机地减小或增大拼贴的深度，以模拟高光和暗调，使图像产生建筑瓷片拼贴成为图案的效果。

(5) 染色玻璃... ：将图像重新绘制为用前景色勾勒的单色的相邻单元格，使图像产生不规则、分离的彩色玻璃格子的效果。

(6) 纹理化... ：将选择或创建的纹理应用于图像，使图像产生多种纹理的压纹效果。

4. 【纹理】滤镜的使用

(1) 打开如图 6.61 所示的图片。

图 6.61

(2) 在菜单栏中单击 滤镜(T) → 滤镜库(G)... 命令，弹出【滤镜库】对话框，具体设置如图 6.62 所示。设置完毕，单击 确定 按钮即可得到如图 6.63 所示的效果。

图 6.62   图 6.63

(3) 其他【素描】滤镜的操作方法和参数的设置与【纹理】滤镜中【龟裂缝】滤镜的操作方法和参数设置方法基本相同，在这里就不再叙述，请读者自己去体验。

6.6.5 案例小结

该案例主要介绍了【素描】和【纹理】滤镜的作用和使用方法。在该案例中要重点掌握【素描】滤镜的作用和使用方法。

6.6.6 举一反三

打开图 6.64 左图所示的图片，根据本节所学知识，制作出图 6.64 右图所示的效果。

图 6.64

6.7　【像素化】和【渲染】滤镜的使用

6.7.1　案例效果

本案例的效果图如图 6.65 所示。

图 6.65

6.7.2　案例目的

通过该案例的学习，使读者了解【像素化】和【渲染】滤镜的作用和使用方法。

6.7.3　案例分析

本案例主要介绍【像素化】和【渲染】滤镜的作用和使用方法。大致步骤是首先介绍【像素化】滤镜的作用，然后介绍【像素化】滤镜的使用，之后介绍【渲染】滤镜的作用，最后介绍【渲染】滤镜的使用。

6.7.4　技术实训

1. 【像素化】滤镜的作用

在 Photoshop CS4 中，【像素化】滤镜将图像分成若干个区域，并将这些区域转变为相应的色块，再由色块构成图像，使其产生图像分块或图像平面化的效果。

在菜单栏中单击 滤镜(T)→像素化 命令，弹出下级子菜单，在其下级子菜单中主要包括如图 6.66 所示的命令。

图 6.66

对图 6.66 所示的各【像素化】命令的主要功能介绍如下。

(1) 彩块化：使图像中的纯色或相近颜色的像素点的色彩统一成大小和形状不同的色块。

(2) 彩色半调…：模拟在图像的每个通道上使用放大的半调网屏的效果。对于每个通道，滤镜将图像划分为若干个矩形，并用圆形替换每个矩形。圆形的大小与矩形的亮度成正比，使图像产生模拟铜版画的效果。

(3) 点状化...：将图像中的颜色分解为随机分布的网点，使图像上形成不连续的小方块，小方块之间用背景色填充。

(4) 晶格化...：将像素结块形成纯色的多边形，使图像产生由许多小晶体构成的效果。

(5) 马赛克...：将像素结为方形块，使图像产生由许多小方块构成的效果。

(6) 碎片：创建选区中的像素的 4 个副本，并使其相互偏移，使图像产生由许多小方块构成的效果。

(7) 铜版雕刻...：将图像转换为黑白区域的随机图案或彩色图像中完全饱和的颜色的随机图案，使图像产生一种镂刻的凹版画效果。

2. 【像素化】滤镜的使用

(1) 打开如图 6.67 所示的图片。

(2) 在菜单栏中单击 滤镜(T)→ 像素化 → 晶格化... 命令，弹出【晶格化】对话框，具体设置如图 6.68 所示，单击 确定 按钮，图像效果如图 6.69 所示。【晶格化】对话框中各个参数的作用请用户自己去体验。

图 6.67　　　　　　　　　图 6.68　　　　　　　　　图 6.69

(3) 其他【像素化】滤镜的操作方法和参数的设置与【像素化】滤镜中【晶格化】滤镜的操作方法和参数设置方法基本相同，在这里就不再叙述，请读者自己去体验。

3. 【渲染】滤镜的作用

在 Photoshop CS4 中，【渲染】滤镜能使图像产生不同的照明效果和云彩纹理效果，还能在三维空间中操纵对象、创建三维对象、折射图案和模拟光反射。

在菜单栏中单击 滤镜(T)→ 渲染 命令，弹出下级子菜单，在其下级子菜单中主要包括如图 6.70 所示的命令。

图 6.70

对图 6.70 所示的各【渲染】命令的主要功能介绍如下。

(1) `3D Transform...`：对图像的部分区域作三维立体变形，从而在图像中产生三维效果。

(2) `分层云彩`：使用随机生成的介于前景色与背景色之间的颜色值，产生图像和云状背景的反白效果。

(3) `光照效果...`：用户可以通过改变 17 种光照样式、3 种光照类型和 4 套光照属性，在 RGB 图像上产生无数种光照属性和光照效果，还可以使用灰度文件的纹理产生类似三维的效果。

(4) `镜头光晕...`：模拟亮光照射到相机镜头时所产生的折射现象，使图像产生照相机的烨光效果。

(5) `纤维...`：使用前景色和背景色创建纤维的效果。

(6) `云彩`：使用介于前景色与背景色之间的随机颜色值，产生一种抽象的云彩效果。

4. 【渲染】滤镜的使用

(1) 打开如图 6.71 所示的图片。

图 6.71

(2) 在菜单栏中单击 `滤镜(T)` → `渲染` → `3D Transform...` 命令，弹出【3D Transform】对话框，具体设置如图 6.72 所示，单击 `确定` 按钮，图像效果如图 6.73 所示。【3D Transform】对话框中各个参数的作用请用户自己去体验。

图 6.72

图 6.73

(3) 其他【渲染】滤镜的操作方法和参数的设置与【渲染】滤镜中【3D Transform】滤镜的操作方法和参数设置方法基本相同，这里就不再叙述，请读者自己去体验。

6.7.5 案例小结

该案例主要介绍了【像素化】和【渲染】滤镜的作用和使用方法。在该案例中要重点掌握【像素化】滤镜的作用和使用方法。

6.7.6 举一反三

打开图 6.74 左图所示的图片，根据本节所学知识，制作成图 6.74 右图所示的效果。

图 6.74

6.8 【艺术效果】和【杂色】滤镜的使用

6.8.1 案例效果

本案例的效果图如图 6.75 所示。

图 6.75

6.8.2 案例目的

通过该案例的学习，使读者了解【艺术效果】和【杂色】滤镜的作用和使用方法。

6.8.3 案例分析

本案例主要介绍【艺术效果】和【杂色】滤镜的作用和使用方法。大致步骤是首先介绍【艺术效果】滤镜的作用，然后介绍【艺术效果】滤镜的使用，之后介绍【杂色】滤镜的作用，最后介绍【杂色】滤镜的使用。

6.8.4 技术实训

1. 【艺术效果】滤镜的作用

在 Photoshop CS4 中，【艺术效果】滤镜能使图像产生人工创作的不同绘画作品的效果，经常用在美术或商业项目中，以制作绘画效果或特殊效果。

在菜单栏中单击 滤镜(T) → 滤镜库(G)... 命令，弹出【滤镜库】对话框，在【滤镜库】对话框中单击 ▷ □ 艺术效果 左边的 ▷ 图标，如图 6.76 所示。

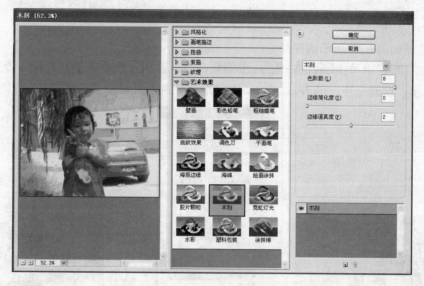

图 6.76

对图 6.76 所示的各【艺术效果】命令的主要功能介绍如下。

(1) 壁画... ：使用短而圆的小块颜料，应用粗糙的绘制风格使图像产生潮湿斑驳、日久风化的古壁画的效果。

(2) 彩色铅笔... ：模拟使用彩色铅笔在纯色背景上绘画的效果。

(3) 粗糙蜡笔... ：模拟在图像上用彩色粉笔在有纹理的背景上描边的效果。

(4) 底纹效果... ：在有纹理的背景上绘制图像，然后将最终的图像绘制在该图像上，使图像产生一种浮雕感的纹理效果。

(5) 调色刀... ：减少图像中的细节，使相近颜色融合，产生大写意的笔法效果。

(6) 干画笔... ：使用干画笔技术绘制图像边缘，使图像产生不饱和的、干枯的油画效果。

(7) 海报边缘... ：自动追踪图像中颜色变化剧烈的区域，并在边界上填入黑色的阴影，从而产生海报的效果。

(8) 海绵... ：使用颜色对比强烈、纹理较重的区域创建图像，使画面产生海绵吸水的浸润效果。

(9) 绘画涂抹... ：模拟画笔效果，使图像产生被涂抹的模糊效果。

(10) 胶片颗粒... ：模拟布满不均匀黑色微粒的纹理效果，此滤镜在消除混合的条纹和将各种来源的图素在视觉上进行统一时效果比较显著。

(11) 木刻... ：使图像产生一种木刻、版画的效果。

(12) 霓虹灯光... ：将各种类型的发光效果添加到图像上，使图像产生类似于氖光灯照射的效果。

(13) 水彩... ：以水彩的风格绘制图像，简化图像细节，使图像产生水彩画的效果。

(14) 塑料包装... ：模拟给图像涂上一层光亮的塑料，以强调表面细节，使图像表面产生蒙着一层塑料薄膜的效果。

(15) 涂抹棒：使用短的对角描边涂抹图像的暗区以柔化图像，使图像产生一种涂抹效果。

2. 【艺术效果】滤镜的使用

(1) 打开如图 6.77 所示的图片。

(2) 在菜单栏中单击 滤镜(T)→ 滤镜库(G)... 命令，弹出【滤镜库】对话框，具体设置如图 6.78 所示。设置完毕，单击 确定 按钮即可得到如图 6.79 所示的效果。

图 6.77   图 6.78   图 6.79

(3) 其他【艺术效果】滤镜的操作方法和参数的设置与【艺术效果】滤镜中【粗糙蜡笔】滤镜的操作方法和参数设置方法基本相同，在这里就不再叙述，请读者自己去体验。

3. 【杂色】滤镜的作用

在 Photoshop CS4 中，【杂色】滤镜主要用于添加或移去图像中杂色或随机分布的像素，也可用于移去图像中的灰尘和修复照片中的划痕等。

在菜单栏中单击 滤镜(T)→ 杂色 命令，在打开的下级子菜单中主要包括如图 6.80 所示的命令。

图 6.80

对图 6.80 中各【杂色】命令的主要功能介绍如下。

(1) 减少杂色...：使图像画面变得细腻，产生色彩锐利的效果。

(2) 蒙尘与划痕...：通过更改相异的像素来减少杂色，使图像中的缺陷融入周围的像素中，从而恢复图像的完整性。

(3) 去斑：检测图像的边缘并模糊除边缘以外的所有选区，该模糊操作会移去杂色，同时保留细节，从而消除图像中的杂点。

(4) 添加杂色...：将随机像素应用于图像，使图像画面变得粗糙，产生色彩漫散的效果。可以用来模拟在高速胶片上拍照的效果。

(5) 中间值...：平均像素的颜色后，用平均颜色代替中央颜色的方式来消除杂点。

4. 【杂色】滤镜的使用

(1) 打开如图 6.81 所示的图片。

(2) 在菜单栏中单击 滤镜(T) → 杂色 → 减少杂色... 命令，弹出【减少杂色】对话框，具体设置如图 6.82 所示，单击 确定 按钮，图像效果如图 6.83 所示。【减少杂色】对话框中各个参数的作用请用户自己去体验。

图 6.81　　　　　　　　　　　图 6.82　　　　　　　　　　　图 6.83

(3) 其他【杂色】滤镜的操作方法和参数的设置与【杂色】滤镜中【减少杂色】滤镜的操作方法和参数设置方法基本相同，在这里就不再叙述，请读者自己去体验。

6.8.5　案例小结

该案例主要介绍了【艺术效果】和【杂色】滤镜的作用和使用方法，在该案例中应重点掌握【艺术效果】滤镜的作用和使用方法。

6.8.6　举一反三

打开图 6.84 左图所示的图片，根据本节所学知识，制作出图 6.84 右图所示的效果。

图 6.84

第**7**章

制作文字特效案例

知识点：

说明：

本章主要通过 8 个例子讲解 Photoshop CS4 在特效文字制作中的使用方法和技巧。

教学建议课时数：

一般情况下需 12 课时，其中理论 5 课时、实际操作 7 课时(根据特殊情况可做相应调整)。

7.1　芝士特效文字效果

7.1.1　案例效果

本案例的效果图如图 7.1 所示。

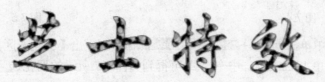

图 7.1

7.1.2　案例目的

通过该案例的学习，使读者会综合使用【彩色半调】和【光照效果】滤镜制作特效文字。

7.1.3　案例分析

本案例主要介绍芝士特效文字效果的制作。大致步骤是先新建文件和输入文字，然后利用文字建立选区并创建【Alpha1】通道，之后添加【彩色半调】滤镜，最后添加【光照效果】滤镜。

7.1.4　技术实训

(1) 按 Ctrl+N 组合键创建新文件，设定新文件名称为"芝士特效字"，宽度为 400 像素，高度为 200 像素，分辨率为 72 像素/英寸，颜色模式为 RGB 颜色，背景色为白色。

(2) 将【前景色】设置为：R：255、G：198、B：0。

(3) 选择 **T**(横排文字工具)，在文件中输入"芝士特效" 4 个字，大小、位置如图 7.2 所示。

(4) 按 Ctrl 键，单击【文字】图层，建立文字选区，如图 7.3 所示。

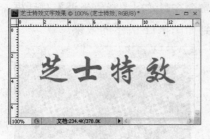

图 7.2

图 7.3

(5) 激活【通道】面板，单击【创建新通道】按钮新建一个【Alpha1】通道，【通道】面板如图 7.4 所示，画面效果如图 7.5 所示。

图 7.4

图 7.5

(6) 在菜单栏中单击 选择(S) → 修改(M) → 羽化(F)... 命令，弹出【羽化选区】对话框，具体设置如图 7.6 所示，单击 确定 按钮，即可得到如图 7.7 所示的羽化选区。

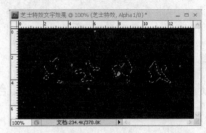

图 7.7

图 7.6

(7) 在菜单栏中单击 编辑(E) → 填充(L)... 命令，弹出【填充】对话框，具体设置如图 7.8 所示，单击 确定 按钮，然后按 Ctrl+D 组合键取消选择，即可得到如图 7.9 所示的图像效果。

图 7.8

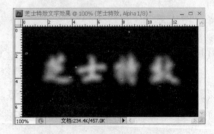

图 7.9

(8) 在菜单栏中单击 滤镜(T) → 像素化 → 彩色半调... 命令，弹出【彩色半调】对话框，具体设置如图 7.10 所示，单击 确定 按钮，即可得到如图 7.11 所示的效果。

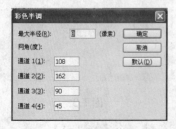

图 7.10

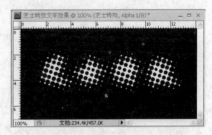

图 7.11

(9) 在浮动面板中单击 图层 项，切换到【图层】面板。在【文字】图层上单击右键，在弹出的快捷菜单中单击 栅格化文字 命令，即可将【文字】图层转换为普通图层，图层效果如图 7.12 所示。

(10) 按 Ctrl 键的同时，单击 芝士特效 图层左边的 区域，建立选区，如图 7.13 所示。单击 选择(S) → 修改(M) → 收缩(C)... 命令，弹出【收缩选区】对话框，具体设置如图 7.14 所示，单击 确定 按钮，即可得到如图 7.15 所示的效果。

图 7.12

图 7.13

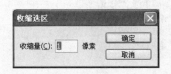

图 7.14

图 7.15

(11) 单击 滤镜(T) → 渲染 → 光照效果... 命令，弹出【光照效果】对话框，具体设置如图 7.16 所示，单击 确定 按钮，按 Ctrl+D 组合键，即可得到如图 7.17 所示的效果。

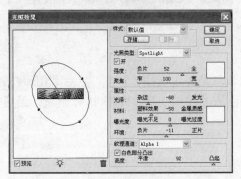

图 7.16

图 7.17

7.1.5　案例小结

本案例主要是利用【光照效果】滤镜和【彩色半调】滤镜制作文字特效。用户在制作过程中要特别注意文字选区的【收缩】和【选择羽化】的作用。

7.1.6 举一反三

根据本节所学知识，制作出图 7.18 所示的效果。

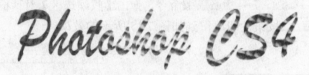

图 7.18

7.2 插针文字特效

7.2.1 案例效果

本案例的效果图如图 7.19 所示。

图 7.19

7.2.2 案例目的

通过该案例的学习，使读者熟练掌握【定义图案】、【图案填充】和【图层样式】等的使用。

7.2.3 案例分析

本案例主要介绍插针文字特效的制作。大致步骤是先定义插针图案，然后利用 ▓(横排文字蒙版工具)建立选区，之后创建新图层并使用 ◔(油漆桶工具)对选区进行填充，最后添加"图层样式"。

7.2.4 技术实训

(1) 按 Ctrl+N 组合键创建新文件，设定新文件名称为"插针 1 图案"。宽度和高度均为 5 像素，分辨率为 72 像素/英寸，颜色模式为 RGB 颜色，背景色为白色。

(2) 在【导航器】面板中将其放大 3200 倍，如图 7.20 所示。

(3) 在工具箱中选择 ◯(椭圆选框工具)，按 Shift+Alt 组合键，在文件中心绘制一个圆，松开鼠标即可得到如图 7.21 所示的选区效果。

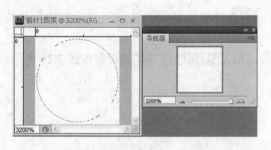
图 7.20

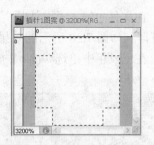
图 7.21

(4) 将前景色设置为"蓝色"后按 Alt+Del 组合键将选区填充为蓝色，如图 7.22 所示，再按 Ctrl+D 组合键取消选区，效果如图 7.23 所示。

(5) 在菜单栏中单击 编辑(E) → 定义图案... 命令，弹出【图案名称】对话框，具体设置如图 7.24 所示，单击 确定 按钮，完成图案的定义。

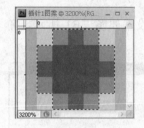
图 7.22　　　　　图 7.23

图 7.24

(6) 用同样的方法定义一个浅黄色的"插针 2 图案"。

(7) 按 Ctrl+N 组合创建新文件，设定新文件名称为"插针文字特效"，宽度为 400 像素，高度为 200 像素，分辨率为 72 像素/英寸，颜色模式为 RGB 颜色，背景色为白色。

(8) 在工具箱中单选 🪣(油漆桶工具)，🪣(油漆桶工具)属性选项栏的设置如图 7.25 所示。

图 7.25

(9) 在文件中单击即可得到如图 7.26 所示的效果。

(10) 单击【图层】面板中的 🔲(创建新图层)按钮，创建一个新的空白图层。

(11) 在工具箱中单选 🇹(横排文字蒙版工具)，🇹(横排文字蒙版工具)属性选项栏的设置如图 7.27 所示。

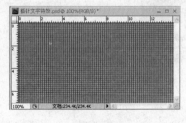
图 7.26

图 7.27

(12) 在文件中输入"设计师"3 个字，单击⊞(横排文字蒙版工具)属性选项栏中的✔按钮，即可得到如图 7.28 所示的效果。

(13) 在工具箱中单选◇(油漆桶工具)，◇(油漆桶工具)属性选项栏的设置如图 7.29 所示。

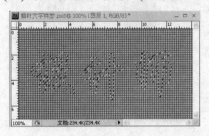

图 7.28   图 7.29

(14) 将鼠标指针移到文字选区中单击，然后按 Ctrl+D 组合键，即可得到如图 7.30 所示的文字效果。

(15) 双击【图层 1】图标，弹出【图层样式】对话框，具体设置如图 7.31 所示，单击 确定 按钮即可得到如图 7.32 所示的效果。

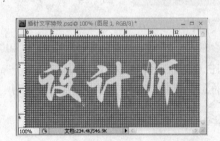

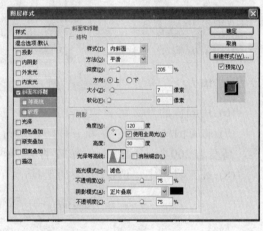

图 7.30   图 7.31

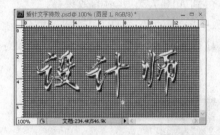

图 7.32

7.2.5 案例小结

本案例重点学习了"图案文字"的定义以及使用。用户在学习过程中一定要明白定义图案的重要意义，熟悉基本的快捷键的使用，这将有助于提高工作效率。

7.2.6　举一反三

根据本节所学知识，制作出如图 7.33 所示的效果。

图 7.33

7.3　波浪文字效果

7.3.1　案例效果

本案例的效果图如图 7.34 所示。

图 7.34

7.3.2　案例目的

通过该案例的学习，使读者熟练掌握【波纹】、【风】和【图层样式】等的使用。

7.3.3　案例分析

本案例主要介绍波浪文字效果的制作。大致步骤是先新建文件、输入文字并将文字进行栅格化处理，然后添加【风】滤镜，最后添加"图层样式"。

7.3.4　技术实训

(1) 按 Ctrl+N 组合键创建新文件，设定新文件名称为"波浪文字效果"，宽度为 400 像素，高度为 200 像素，分辨率为 72 像素/英寸，颜色模式为 RGB 颜色，背景色为白色。

(2) 在英文输入状态下按 D 键，将【前景色/背景色】设置为默认色，然后按 Alt+Del 组合键，将文件填充为黑色。

(3) 选择工具箱中的 **T**(横排文字工具)。**T**(横排文字工具)属性选项栏的设置如图 7.35 所示。

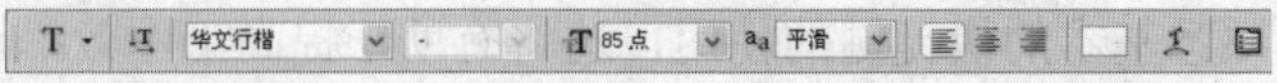

图 7.35

(4) 在画面中输入"影视动画"4 个文字，如图 7.36 所示。在【文字】图层上单击右键，弹出快捷菜单，在其快捷菜单中单击 栅格化文字 命令，将【文字】图层转换为普通图层。【图层】面板如图 7.37 所示。

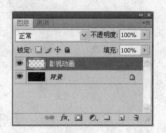

图 7.36

图 7.37

(5) 将 影视动画 图层拖到【图层】面板底部的 (创建新图层)按钮上松开鼠标，创建副本图层，连续拖 3 次，即可得到 4 个副本图层。【图层】面板如图 7.38 所示。

(6) 用鼠标单击【图层】面板中的 影视动画 图层，使其成为当前可用图层。单击 滤镜(T) → 风格化 → 风... 命令，弹出【风】对话框，具体设置如图 7.39 所示。单击 确定 按钮，即可得到如图 7.40 所示的图像效果。

图 7.38

图 7.39

(7) 连续按 Ctrl+F 组合键 3 次，即可得到如图 7.41 所示的文字效果。

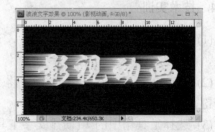

图 7.40

图 7.41

(8) 用鼠标单击【图层】面板中的  图层，使其成为当前可用图层。单击 滤镜(I) → 风格化 → 风… 命令，弹出【风】对话框，具体设置如图 7.42 所示。单击 确定 按钮，即可得到如图 7.43 所示的图像效果。

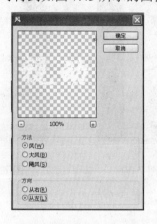

图 7.42

图 7.43

(9) 连续按 Ctrl+F 组合键 3 次，即可得到如图 7.44 所示的文字效果。

(10) 用鼠标单击【图层】面板中的 影视动画 副本3 图层，使其成为当前可用图层。单击 图像(I) → 图像旋转(G) → 90 度(顺时针)(9) 命令。将其画布顺时针旋转 90°，图像效果如图 7.45 所示。

(11) 单击 滤镜(I) → 风格化 → 风… 命令，弹出【风】对话框，具体设置如图 7.46 所示。单击 确定 按钮，即可得到如图 7.47 所示的图像效果。

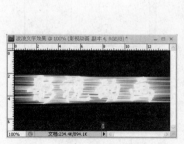

图 7.44

图 7.45

图 7.46

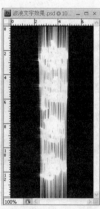

图 7.47

(12) 连续按 Ctrl+F 组合键 3 次，即可得到如图 7.48 所示的文字效果。

(13) 用鼠标单击【图层】面板中的 影视动画 副本2 图层，使其成为当前可用图层。单击 滤镜(I) → 风格化 → 风… 命令，弹出【风】对话框，具体设置如图 7.49 所示。单击 确定 按钮，即可得到如图 7.50 所示的图像效果。

(14) 连续按 Ctrl+F 组合键 3 次，即可得到如图 7.51 所示的文字效果。

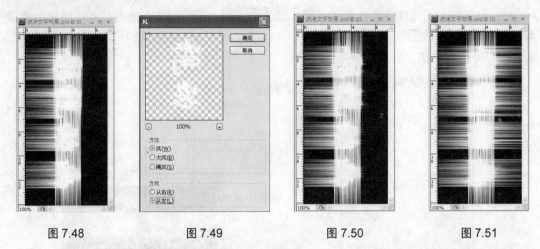

图 7.48　　　　　　　图 7.49　　　　　　　图 7.50　　　　　　　图 7.51

(15) 单击 图像(I) → 图像旋转(G) → 90 度(逆时针)(0) 命令，将画布顺时针旋转 90°，图像效果如图 7.52 所示。

(16) 按 Ctrl+E 组合键 3 次，将风格化了的图层合并为一个图层。【图层】面板如图 7.53 所示。

(17) 单击 滤镜(T) → 扭曲 → 波纹... 命令，弹出【波纹】对话框，具体设置如图 7.54 所示。单击 确定 按钮，即可得到如图 7.55 所示的图像效果。

(18) 双击 影视动画 图层，弹出【图层样式】对话框，【颜色叠加】和【渐变叠加】选项栏的具体设置如图 7.56 和图 7.57 所示。单击【确定】按钮，即可得到如图 7.58 所示的效果。

图 7.52

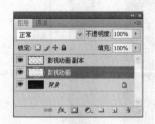

图 7.53

图 7.54

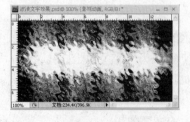

图 7.55

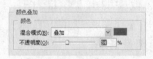

图 7.56

图 7.57

(19) 双击   图层，弹出【图层样式】对话框，【斜面和浮雕】、【颜色叠加】、【渐变叠加】选项栏的具体设置分别如图 7.59～图 7.61 所示，单击 确定 按钮即可得到如图 7.62 所示的效果。

图 7.58

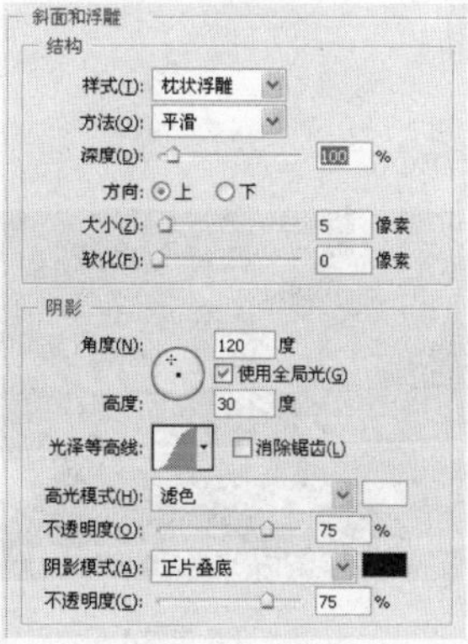

图 7.59

图 7.60

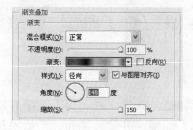

图 7.61

图 7.62

7.3.5　案例小结

本案例主要利用【扭曲】滤镜组中的【波纹】滤镜和【风格化】滤镜组中的【风格化】滤镜来制作文字特效。这两个滤镜组中的其他滤镜的使用方法与此类似。希望用户自己多加练习，在这里就不再详细介绍。在本案例中还讲解了将【文字】图层转换为普通图层的方法。

7.3.6　举一反三

根据前面所学知识，制作出图 7.63 所示的效果。

图 7.63

7.4 发光文字特效

7.4.1 案例效果

本案例的效果图如图 7.64 所示。

图 7.64

7.4.2 案例目的

通过该案例的学习，使读者熟练掌握【极坐标】滤镜、【风】滤镜和"旋转画布"的作用和使用方法。

7.4.3 案例分析

本案例主要介绍发光文字特效的制作。大致步骤是先新建文件、输入文字并对文字进行栅格化处理，然后添加【极坐标】滤镜、【风】滤镜，并旋转画布，最后添加"图层样式"。

7.4.4 技术实训

(1) 按 Ctrl+N 组合键创建新文件，设定新文件名称为"发光文字特效"，宽度为 400 像素，高度为 400 像素，分辨率为 72 像素/英寸，颜色模式为 RGB 颜色，背景色为白色。

(2) 按 D 键(在英文输入状态下)，将【前景色/背景色】设置为默认色。

(3) 单击 编辑(E)→ 填充(L)... 命令，弹出【填充】对话框，具体设置如图 7.65 所示，单击 确定 按钮即可将背景色填充为黑色，或直接按 Alt+Del 组合键。

(4) 选择工具箱中的 T (横排文字工具)，T (横排文字工具)属性选项栏的设置如图 7.66 所示(注意文字一定要是白色，也就是 RGB 的值为 R：255、G：255、B：255，否则发光文字就做不出来)。

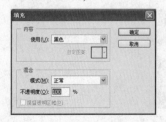

图 7.65

图 7.66

(5) 在画面中输入"特效"两个字，单击 T (横排文字工具)工具属性选项栏中的 ✔ 按钮，即可得到如图 7.67 所示的文字效果。

(6) 在 ▣ T 特效 图层上单击鼠标右键，在弹出的快捷菜单中单击 栅格化文字 命令，即可将【文字】图层转换为普通图层。将【文字】图层拖到【图层】面板底部的 ◻ (创建新图层)按钮，当 ◻ (创建新图层)按钮呈凹陷状态时松开鼠标，即可复制出一个副本图层。图层效果如图 7.68 所示。再单击 ◉ ▣ 特效 图层，使其成为当前活动图层。【图层】面板如图 7.69 所示。

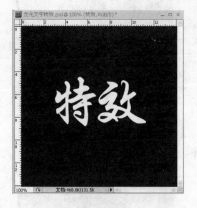
图 7.67

图 7.68

图 7.69

(7) 单击 滤镜(I) → 扭曲 → 极坐标… 命令，弹出【极坐标】对话框，具体设置如图 7.70 所示，单击 确定 按钮，即可得到如图 7.71 所示的图像效果。

(8) 单击 图像(I) → 图像旋转(G) → 90 度(顺时针)(9) 命令，将其画布顺时针旋转 90°，图像效果如图 7.72 所示。

图 7.70

图 7.71

图 7.72

(9) 单击 滤镜(I) → 风格化 → 风… 命令，弹出【风】对话框，具体设置如图 7.73 所示，单击 确定 按钮，即可得到如图 7.74 所示的图像效果。

(10) 连续按 Ctrl+F 组合键 3 次，即可得到如图 7.75 所示的文字效果。

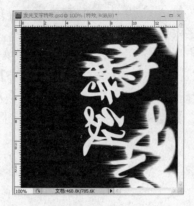

图 7.73   图 7.74   图 7.75

（11）单击 图像(I) → 图像旋转 (G) → 90 度 (逆时针) (0) 命令，将其画布顺时针旋转 90°，图像效果如图 7.76 所示。

（12）单击 滤镜(T) → 扭曲 → 极坐标... 命令，弹出【极坐标】对话框，具体设置如图 7.71 所示，单击 确定 按钮，即可得到如图 7.78 所示的图像效果。

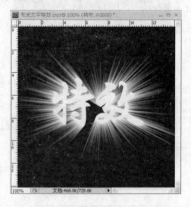

图 7.76   图 7.77   图 7.78

（13）双击 特效 图层，弹出【图层样式】对话框。在该对话框中设置【颜色叠加】、【渐变叠加】、【图案叠加】选项组分别如图 7.79～图 7.81 所示，单击 确定 按钮，即可得到如图 7.82 所示的效果。

图 7.79   图 7.80   图 7.81

（14）双击 特效 副本 图层，弹出【图层样式】对话框。在对话框中设置【斜面浮雕】、【颜色叠加】、【渐变叠加】、【图案叠加】选项组分别如图 7.82～图 7.86 所示，单击 确定 按钮，即可得到如图 7.87 所示的效果。

图 7.82

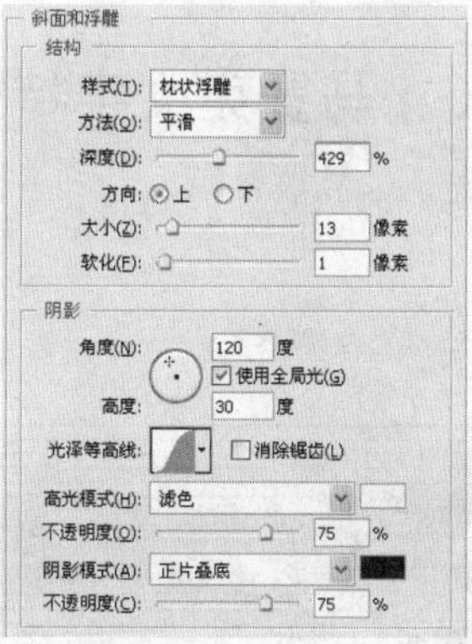

图 7.83

图 7.84

图 7.85

图 7.86

图 7.87

7.4.5 案例小结

本案例主要学习了【扭曲】滤镜中的【极坐标】滤镜和【风格化】滤镜和【风】滤镜的使用方法。重点是【图层样式】中的"叠加"选项的使用，用户一定要明白叠加的含义及用法。

7.4.6 举一反三

根据前面所学知识，制作出图 7.88 所示的效果。

图 7.88

7.5　马赛克文字特效

7.5.1　案例效果

本案例的效果图如图 7.89 所示。

图 7.89

7.5.2　案例目的

通过该案例的学习，使读者熟练掌握【拼缀图】滤镜和【不透明度】选项的作用和综合使用方法。

7.5.3　案例分析

本案例主要介绍马赛克文字特效的制作。大致步骤是先新建文件、输入文字并对文字进行栅格化处理，然后设置【文字】图层的"填充色"，之后添加【拼缀图】滤镜，最后合并图层并对合并图层进行着色。

7.5.4　技术实训

(1) 按 Ctrl+N 组合键创建新文件，设定新文件名称为"发光文字特效"，宽度为 400 像素，高度为 200 像素，分辨率为 72 像素/英寸，颜色模式为 RGB 颜色，背景色为白色。

(2) 按 D 键，将【前景色/背景色】设置为系统默认色。

(3) 选择工具箱中的 T(横排文字工具)，T(横排文字工具)属性选项栏的设置如图 7.90 所示。

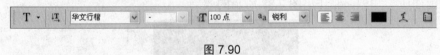

图 7.90

(4) 在画面中输入如图 7.91 所示的文字。

(5) 在【图层】面板中将【文字】图层的填充色设置为"0%"，【图层】面板如图 7.92 所示。

(6) 双击图层，弹出【图层样式】对话框，具体设置如图 7.93 所示，单击 确定 按钮，即可得到如图 7.94 所示的效果。

（7）按 Ctrl+E 组合键合并图层。

（8）单击 滤镜(T) → 纹理 → 拼缀图... 命令，弹出【拼缀图】对话框，具体参数设置如图 7.95 所示。单击 确定 按钮，即可得到如图 7.96 所示的效果。

图 7.91　　　　　　　　　　　图 7.92　　　　　　　　　　　图 7.93

图 7.94　　　　　　　　　　　图 7.95　　　　　　　　　　　图 7.96

（9）按 Ctrl+U 组合键或单击 图像(I) → 调整(A) → 色相/饱和度(H)... 命令，弹出【色相/饱和度】对话框，具体设置如图 7.97 所示，单击 确定 按钮即可得到如图 7.98 所示的效果。

图 7.97　　　　　　　　　　　　　　　　　图 7.98

7.5.5　案例小结

本案例主要学习了【纹理】滤镜中的【拼缀图】滤镜和为图层设置【不透明度】的综合使用。用户在制作过程中一定要注意，【图层样式】中混合模式一定要设置为【差值】，否则就做不出此效果。其他参数可以根据不同的需要设置，以得到不同的效果。

7.5.6 举一反三

根据本节所学知识，制作出图 7.99 所示的效果。

图 7.99

7.6 描边文字效果

7.6.1 案例效果

本案例的效果图如图 7.100 所示。

图 7.100

7.6.2 案例目的

通过该案例的学习，使读者熟练掌握【描边路径】和【图层样式】对话框的设置和使用。

7.6.3 案例分析

本案例主要介绍描边文字效果的制作过程。大致步骤是先新建文件、建立文字选区，然后将文字选区转换为路径，之后对路径进行描边，最后给描边路径添加"图层样式"效果。

7.6.4 技术实训

(1) 按 Ctrl+N 组合键创建新文件，设定新文件名称为"描边文字效果"，宽度为 400 像素，高度为 200 像素，分辨率为 72 像素/英寸，颜色模式为 RGB 颜色，背景色为白色。

(2) 选择工具箱中的 ▥(横排文字蒙版工具)，▥(横排文字蒙版工具)属性选项栏的设置如图 7.101 所示。

图 7.101

(3) 在画面中输入"艺术表演"4 个字，单击 (横排文字蒙版工具)属性选项栏中的✔按钮，即可得到如图 7.102 所示的选区。

(4) 切换到【路径】面板，并单击【路径】面板中的 (从选区生成工作路径)按钮，即可将选区转换为路径，图像效果和【路径】面板如图 7.103 和图 7.104 所示。

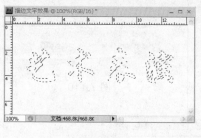
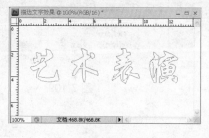

图 7.102　　　　　　　　　　图 7.103　　　　　　　　　　图 7.104

(5) 选择工具箱中的 (画笔工具)，单击 (画笔工具)选项栏中的 图标，弹出【画笔】设置对话框，如图 7.105 所示。

(6) 切换到【图层】面板，单击【图层】面板底部的 (创建新图层)按钮，创建一个新的空白【图层 1】。

(7) 切换到【路径】面板，单击【路径】面板中右上角的 按钮，在弹出的下拉列表中单击 描边路径... 命令，弹出【描边路径】对话框，具体设置如图 7.106 所示，单击 确定 按钮，即可得到如图 7.107 所示的图像效果。

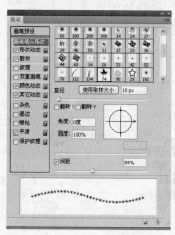
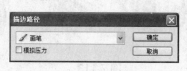
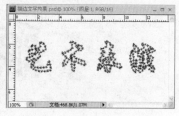

图 7.105　　　　　　　　　　图 7.106　　　　　　　　　　图 7.107

(8) 在【路径】面板的灰色区域单击，将隐藏路径，图像效果如图 7.108 所示。

(9) 切换到【图层】面板，双击图层，弹出【图层样式】对话框，【图层样式】对话框中的【斜面和浮雕】、【颜色叠加】、【渐变叠加】选项栏的设置分别如图 7.109～图 7.111 所示，单击 确定 按钮即可得到如图 7.112 所示的效果。

图 7.108

图 7.109

图 7.110

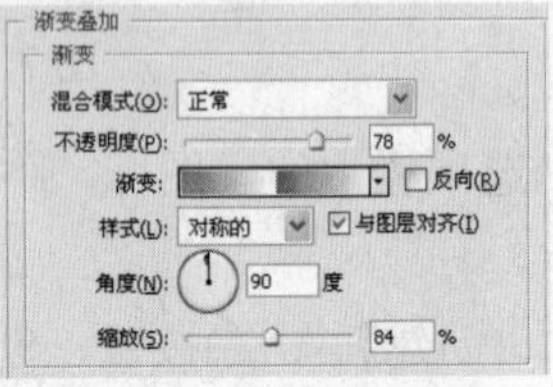

图 7.111

图 7.112

7.6.5 案例小结

本案例介绍了使用【描边路径】和【图层样式】来制作文字特效的方法。用户在制作过程中一定要注意，创建一个新的空白图层，否则到了后面使用【图层样式】时就会出问题。

7.6.6 举一反三

根据本节所学知识，制作出图 7.113 所示的效果。

图 7.113

7.7 撕纸文字效果

7.7.1 案例效果

本案例的效果图如图 7.114 所示。

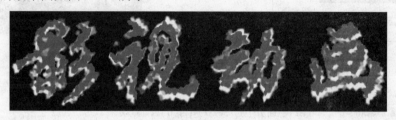

图 7.114

7.7.2 案例目的

通过该案例的学习，使读者熟练掌握【通道】面板、【变形】命令、【色相/饱和度】对话框和【晶格化】滤镜的使用。

7.7.3 案例分析

本案例主要介绍撕纸文字效果的制作过程。大致步骤是首先新建文件、建立文字选区，然后创建 Alpha 通道，之后使用【晶格化】滤镜制作碎片效果，然后进行填充和着色等操作，最后使用【变形】命令进行变形操作。

7.7.4 技术实训

(1) 按 Ctrl+N 组合创建新文件，设定新文件名称为"撕纸文字效果"，宽度为 400 像素，高度为 200 像素，分辨率为 72 像素/英寸，颜色模式为 RGB 颜色，背景色为白色。

(2) 切换到【通道】面板，单击 ▣(创建新通道)按钮，即可创建一个【Alpha1】通道。

(3) 选择工具箱中的 T(横排文字工具)，T(横排文字工具)属性选项栏的设置如图 7.115 所示。在画面中输入"影视动画"4 个字，单击 ✓ 按钮，即可得到如图 7.116 所示的效果。

图 7.115   图 7.116

(4) 单击 滤镜(I) → 像素化 → 晶格化... 命令，弹出【晶格化】对话框，具体设置如图 7.117 所示，单击 确定 按钮，即可得到如图 7.118 所示的效果。

图 7.117　　　　　　　　　　　　　　　　图 7.118

（5）将【Alpha1】通道复制一个副本通道。【图层】面板如图 7.119 所示，单击 滤镜(T) →
渲染 → 分层云彩 命令，即可得到如图 7.120 所示的图像效果。

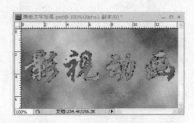

图 7.119　　　　　　　　　　　　　　　　图 7.120

（6）切换到【图层】面板，单击 选择(S) → 载入选区(O)... 命令，弹出【载入选区】对话
框，具体设置如图 7.121 所示，单击 确定 按钮，即可得到如图 7.122 所示的选区。

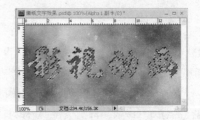

图 7.121　　　　　　　　　　　　　　　　图 7.122

（7）单击 编辑(E) → 填充(L)... 命令，弹出【填充】对话框，具体设置如图 7.123 所示。单
击 确定 按钮，即可将其选区填充为黑色，如图 7.124 所示。

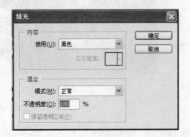

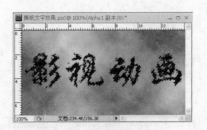

图 7.123　　　　　　　　　　　　　　　　图 7.124

(8) 在不取消选区的情况下，单击【图层】面板底部的⬛(创建新图层)按钮，创建新的图层，单击 图像(I) → 应用图像(Y)... 命令，弹出【应用图像】对话框，具体设置如图 7.125 所示，单击 确定 按钮，即可得到如图 7.126 所示的效果。

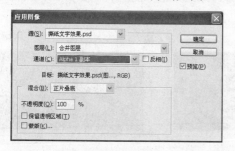

图 7.125　　　　　　　　　　　　　　　图 7.126

(9) 按 Ctrl+U 组合键，弹出【色相/饱和度】对话框，具体设置如图 7.127 所示，单击 确定 按钮，即可得到如图 7.128 所示的效果。

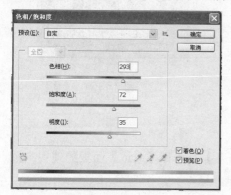

图 7.127　　　　　　　　　　　　　　　图 7.128

(10) 单击【图层】面板中"背景图层"，使其成为当前图层。单击 编辑(E) → 填充(L)... 命令，弹出【填充】对话框，具体设置如图 7.129 所示，单击 确定 按钮，即可将背景图层填充为黑色。图像效果如图 7.130 所示。

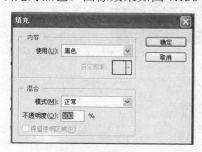

图 7.129　　　　　　　　　　　　　　　图 7.130

(11) 单击【图层】面板中的⬛(创建新图层)按钮，创建一个新的空白图层。按住 Ctrl 键，单击【图层 1】图标，建立文字选区，如图 7.131 所示。利用步骤(10)的方法，将其填充为纯白色。按 Ctrl+D 组合键取消选区。

(12) 单击 编辑(E) → 变换 → 变形(W) 命令，即可得到如图 7.132 所示的变形调节框。

(13) 利用鼠标进行调整，效果如图 7.133 所示。选择工具箱中的工具，此时弹出如图 7.134 所示的对话框，单击 应用(A) 按钮，即可得到如图 7.135 所示的效果。

图 7.131

图 7.132

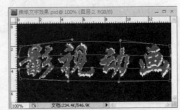
图 7.133

图 7.134

图 7.135

7.7.5 案例小结

本案例主要学习【变形】命令、【色相/饱和度】命令和【通道】面板的使用。重点是【变形】命令的使用，其他命令用户可以自己去试一试。

7.7.6 举一反三

根据本节所学知识，制作出图 7.136 所示的效果。

图 7.136

7.8 玻璃文字效果

7.8.1 案例效果

本案例的效果图如图 7.137 所示。

图 7.137

7.8.2　案例目的

通过该案例的学习，使读者熟练掌握【动感模糊】滤镜、【照亮边缘】滤镜和【色相/饱和度】对话框的使用，以及【文字】图层与普通图层之间的相互转换。

7.8.3　案例分析

本案例主要介绍玻璃文字效果的制作。大致步骤是先新建文件、输入文字并将【文字】图层转换为普通图层，然后给文字添加【动感模糊】滤镜，之后给文字添加【照亮边缘】滤镜，最后对文字进行着色处理。

7.8.4　技术实训

(1) 按 Ctrl+N 组合创建新文件，设定新文件名称为"撕纸文字效果"，宽度为 400 像素，高度为 200 像素，分辨率为 72 像素/英寸，颜色模式为 RGB 颜色，背景色为白色。

(2) 在工具箱中将【前景色/背景色】设置为默认色。

(3) 选择工具箱中的 **T**(横排文字工具)，**T**(横排文字工具)属性选项栏中的设置如图 7.138 所示。

(4) 在画面中输入"玻璃文字"4 个字，单击 **T**(横排文字工具)属性选项栏中的 ✔ 按钮，效果如图 7.139 所示。

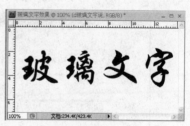

图 7.138　　　　　　　　　　　　　　　　图 7.139

(5) 在"文字图层"上单击鼠标右键，在弹出的快捷菜单中单击 栅格化文字 命令，将【文字】图层转换为普通图层。

(6) 单击 滤镜(T) → 模糊 → 动感模糊... 命令，弹出【动感模糊】对话框，具体设置如图 7.140 所示，单击 确定 按钮，即可得到如图 7.141 所示的效果。

图 7.140   图 7.141

(7) 按 Ctrl+E 组合键，将【玻璃文字】图层与背景图层合并为一个图层。

(8) 单击 滤镜(T) → 风格化 → 照亮边缘... 命令，弹出【照亮边缘】对话框，具体设置如图 7.142 所示，单击 确定 按钮，即可得到如图 7.143 所示的效果。

图 7.142   图 7.143

(9) 按 Ctrl+U 组合键，弹出【色相/饱和度】对话框，具体设置如图 7.144 所示。单击【确定】按钮，即可得到如图 7.145 所示的效果。

图 7.144   图 7.145

7.8.5 案例小结

本案例主要学习了【动感模糊】滤镜、【照亮边缘】滤镜、【色相/饱和度】对话框的使用、以及【文字】图层与普通图层之间的相互转换。用户要特别注意，在使用【照亮边缘】滤镜时，一定要将【文字】图层与背景图层合并，否则该滤镜将不起作用。

7.8.6 举一反三

根据本节所学知识，制作出图 7.146 所示的效果。

图 7.146

第 **8** 章

制作特殊效果案例

知识点:

案例一: 夕阳效果

案例二: 钢笔淡彩效果

案例三: 油画效果

案例四: 木刻画效果

案例五: 爆炸效果

案例六: 天体爆炸效果

案例七: 炫目的光效果

案例八: 导航按钮

说明:

本章主要通过 8 个例子，讲解 Photoshop CS4 在图像处理中的使用方法和技巧。

教学建议课时数:

一般情况下需 12 课时，其中理论 5 课时、实际操作 7 课时(根据特殊情况可做相应调整)。

8.1　夕阳效果

8.1.1　案例效果

本案例的效果图如图 8.1 所示。

图 8.1

8.1.2　案例目的

通过对该案例的学习，读者应熟练掌握【添加蒙版】命令、画笔工具、【曲线】命令、【创建新图层】命令和【镜头光晕】滤镜的使用。

8.1.3　案例分析

本案例主要介绍夕阳效果的制作过程。大致步骤是首先打开两幅需要合成处理的图片，然后将背景图层转换为普通图层，之后添加、调整图层，最后添加【镜头光晕】滤镜。

8.1.4　技术实训

(1) 打开如图 8.2 所示的两幅图片。

图 8.2

(2) 单击"桂林山水.jpg"的标题栏，将该图片设置为当前编辑图片。按 D 键，将【前景色/背景色】设置为默认色。

(3) 双击 图层，弹出【新建图层】对话框，具体设置如图 8.3 所示，单击

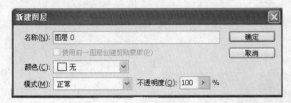

确定 按钮，即可将背景图层转换为普通图层。

(4) 单击【图层】面板底部的 ◎ (添加图层面板)按钮，即可为图层添加蒙版，【图层】面板如图 8.4 所示。

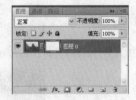

图 8.3 图 8.4

(5) 选择工具箱中的 ◢ (画笔工具)，◢ (画笔工具)属性选项栏的设置如图 8.5 所示。

图 8.5

(6) 在画面不需要的地方进行涂抹，在涂抹的过程中适当调节画笔的大小，【图层】面板如图 8.6 所示，图像效果如图 8.7 所示。

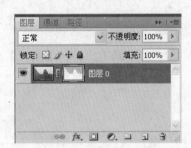

图 8.6 图 8.7

(7) 将"夕阳效果素材 1.jpg"图像拖到文件中，【图层】面板如图 8.8 所示，图像效果如图 8.9 所示。

图 8.8 图 8.9

(8) 单击【图层】面板底部 ◢ (创建新的填充或调整图层)按钮，在弹出的下拉列表中单击 曲线... 命令，弹出曲线调节设置框，具体设置如图 8.10 所示，最终效果如图 8.11 所示。【图层】面板如图 8.12 所示。

图 8.10

图 8.11

图 8.12

(9) 单击【图层】面板底部的 （创建新图层）按钮，创建一个新的空白图层并填充为黑色，图层模式设置为【叠加】模式，并设置图层【不透明度】为 "30%"，【图层】面板如图 8.13 所示，图像效果如图 8.14 所示。

图 8.13

图 8.14

(10) 按 Ctrl+J 组合键，创建一个名为【图层 2】的副本图层，【图层】面板如图 8.15 所示。

(11) 单击 滤镜(T) → 渲染 → 镜头光晕... 命令，弹出【镜头光晕】对话框，具体设置如图 8.16 所示，单击【确定】按钮，即可得到如图 8.17 所示的效果。

图 8.15

图 8.16

图 8.17

(12) 将图像另存为 "夕阳效果.PSD" 文件。

8.1.5 案例小结

本案例主要讲解了背景图层的转换、【图层】面板的操作、图层的调整操作以及部分滤镜功能的使用，重点是图层蒙板和调整图层的使用。用户在制作过程中一定要注意，在创建蒙版之前一定要将"前景色/背景色"设置为默认色，否则图层蒙版无效。

8.1.6 举一反三

根据前面所学知识，制作出如图 8.18 所示的效果。

图 8.18

8.2 钢笔淡彩效果

8.2.1 案例效果

本案例效果图如图 8.19 所示。

图 8.19

8.2.2 案例目的

通过对该案例的学习，读者应熟练掌握【色相/饱和度】命令、【图层】命令、【特殊】滤镜、图层"混合"模式的使用。

8.2.3 案例分析

本案例主要介绍钢笔淡彩效果的制作。大致步骤是首先打开一幅图片，然后调整图片的色相/饱和度，之后添加【特殊】滤镜，最后设置图层的"混合"模式。

8.2.4　技术实训

(1) 打开如图 8.20 所示的图片。

(2) 单击 图像(I) → 调整(A) → 色相/饱和度(H)... 命令，弹出【色相/饱和度】对话框，具体设置如图 8.21 所示。单击 确定 按钮完成对【色相/饱和度】对话框的调整(作用是加大图像色彩浓度)。

(3) 单击 图层(L) → 新建(N) → 通过拷贝的图层(C) 命令，创建一个复制图像的内容的图层。【图层】面板如图 8.22 所示。

图 8.20　　　　　　　　　　　　图 8.21　　　　　　　　　　　　图 8.22

(4) 单击 滤镜(T) → 模糊 → 特殊模糊... 命令，弹出【特殊模糊】对话框，具体设置如图 8.23 所示，单击 确定 按钮，即可得到如图 8.24 所示的效果。

(5) 单击 图像(I) → 调整(A) → 反相(I) 命令，即可得到如图 8.25 所示的效果。

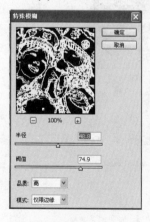

图 8.23　　　　　　　　　　　　图 8.24　　　　　　　　　　　　图 8.25

(6) 在【图层】面板中单击【背景】图层，使其成为当前图层。单击 图层(L) → 新建(N) → 通过拷贝的图层(C) 命令，创建一个复制图像的内容的图层。将复制的图层调整到最顶层，并设置【混合】模式为【滤色】模式，【图层】面板如图 8.26 所示。图像效果如图 8.27 所示。

(7) 将处理好的图片另存为"将照片处理成钢笔淡彩效果.PSD"文件，最终文件如图 8.28 所示。

图 8.26

图 8.27

图 8.28

8.2.5 案例小结

本案例主要讲解了【色相/饱和度】命令、【图层】命令、【特殊】滤镜、图层"混合"模式的使用。用户在制作过程中一定要注意【特殊模糊】对话框的设置，该对话框的参数不同，所得到的图像效果可能相差很远。如果图像的颜色不够鲜艳，可以通过【色相/饱和度】命令来调整，以提高图像的色彩浓度。

8.2.6 举一反三

打开图 8.29 左图所示的图片，根据前面所学知识，制作出如图 8.29 右图所示的效果。

图 8.29

8.3 油 画 效 果

8.3.1 案例效果

本案例效果图如图 8.30 所示。

图 8.30

8.3.2　案例目的

通过对该案例的学习，读者应熟练掌握【中间值】滤镜、【USM 锐化】滤镜和【绘画涂抹】滤镜的使用。

8.3.3　案例分析

本案例主要介绍油画效果的制作过程。大致步骤是首先打开一幅图片，然后调整图片的色相/饱和度，之后添加【USM 锐化】滤镜，最后添加【绘画涂抹】滤镜。

8.3.4　技术实训

(1) 打开如图 8.31 所示的图片。

(2) 单击 滤镜(I) → 杂色 → 中间值... 命令，弹出【中间值】对话框，具体设置如图 8.32 所示。单击 确定 按钮，即可得到如图 8.33 所示的效果。

图 8.31　　　　　　　　　　图 8.32　　　　　　　　　　图 8.33

(3) 单击 图像(I) → 调整(A) → 色相/饱和度(H)... 命令，弹出【色相/饱和度】对话框，具体设置如图 8.34 所示，单击 确定 按钮，即可得到如图 8.35 所示的效果(或按 Ctrl+U 组合键)。

图 8.34　　　　　　　　　　　　　　　　图 8.35

(4) 单击 滤镜(I) → 锐化 → USM 锐化... 命令，弹出【USM 锐化】对话框，具体设置如图 8.36 所示，单击 确定 按钮，即可得到如图 8.37 所示的效果。

图 8.36   图 8.37

(5) 单击 滤镜(T) → 艺术效果 → 绘画涂抹... 命令，弹出【绘画涂抹】对话框，具体设置如图 8.38 所示，单击 确定 按钮，即可得到如图 8.39 所示的效果。

(6) 将处理好的图片另存为"将图片处理成油画效果.PSD"文件，如图 8.40 所示。

图 8.38   图 8.39   图 8.40

8.3.5 案例小结

本案例主要讲解了【中间值】滤镜、【USM 锐化】滤镜和【绘画涂抹】滤镜的使用。用户在制作过程中一定要注意【中间值】对话框的设置，该对话框的【半径】参数不同，所得到的图像效果可能相差很远。如果图像的清晰度不够，可以通过【USM 锐化】滤镜来调整，以提高图像的清晰度。

8.3.6 举一反三

打开如图 8.41 左图所示的图片，根据前面所学知识，制作出图 8.41 右图所示的效果。

图 8.41

8.4　木刻画效果

8.4.1　案例效果

本案例效果图如图 8.42 所示。

图 8.42

8.4.2　案例目的

通过对该案例的学习，读者应熟练掌握【查找边缘】滤镜、【纹理化】滤镜和【色阶】命令、【描边】命令的使用。

8.4.3　案例分析

本案例主要介绍木刻画效果的制作过程。大致步骤是首先打开一幅图片，然后添加【查找边缘】滤镜，之后载入纹理文件，最后打开木纹图片并载入纹理。

8.4.4　技术实训

(1) 打开如图 8.43 所示的图片。

(2) 单击 滤镜(T) → 风格化 → 查找边缘 命令，即可得到如图 8.44 所示的效果。

(3) 切换到【通道】面板，依次单击"红"、"绿"、"蓝" 3 个通道，选择一个轮廓最清晰、图像层次最少的通道，这里选择"绿"通道，然后按 Ctrl+A 组合键，选中"绿"通道内的所有内容，按 Ctrl+C 组合键复制图像。

图 8.43

图 8.44

(4) 单击 文件(F) → 新建(N)... 命令，弹出【新建】对话框，具体设置如图 8.45 所示。单击 确定 按钮，按 Ctrl+V 组合键，将图片粘贴到文件中，【图层】面板如图 8.46 所示。

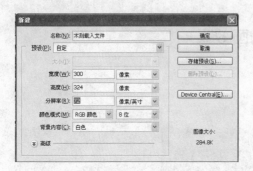

图 8.45

图 8.46

(5) 单击 编辑(E) → 描边(S)... 命令，弹出【描边】对话框，具体设置如图 8.47 所示，单击 确定 按钮，即可得到如图 8.48 所示的效果。

图 8.47

图 8.48

(6) 将图像保存为"木刻载入文件.PSD"文件(一定要保存为 PSD 文件格式，只有 PSD 格式才能作为纹理载入)。

(7) 打开"木纹"图片，如图 8.49 所示。

(8) 单击 滤镜(T) → 纹理 → 纹理化... 命令，弹出【纹理化】对话框，单击【纹理化】对话框右边的 ⊸≡ 按钮，在弹出的下拉列表中单击 载入纹理 命令，弹出【载入纹理】对话框，具体设置如图 8.50 所示。单击 打开(O) 按钮，即可载入图片，回到【纹理化】对话框，具体设置如图 8.51 所示。

图 8.49

图 8.50

图 8.51

(9) 单击 ［　确定　］ 按钮，即可得到如图 8.52 所示的图像。利用工具箱中的 ┗┓(裁减工具)
进行裁减，并另存为"制作木刻效果.PSD"文件，最终效果如图 8.53 所示。

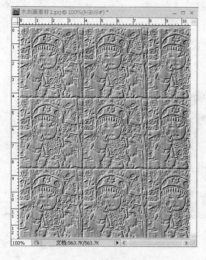

图 8.52

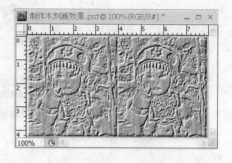

图 8.53

8.4.5　案例小结

本案例主要讲解了【查找边缘】滤镜、【纹理化】滤镜、【色阶】命令、【描边】命
令的使用。用户在制作过程中一定注意将"木刻载入文件"存储为"PSD"文件格式，因
为只有"PSD"文件格式才能载入纹理。本案例中描边的作用是为了在纹理载入时，显示
凹陷或凸起的边框效果。

8.4.6　举一反三

打开图 8.54 左图所示的两幅图片，根据前面所学知识，制作出图 8.54 右图所示的效果。

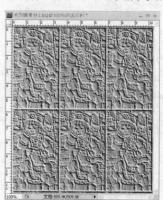

图 8.54

8.5 爆 炸 效 果

8.5.1 案例效果

本案例的效果图如图 8.55 所示。

图 8.55

8.5.2 案例目的

通过对本案例的学习，使读者熟练掌握【海洋波汶】滤镜、【高斯模糊】滤镜、【极坐标】滤镜、【风】滤镜、【曝光过度】滤镜、【色相/饱和度】命令和【反相】命令的使用。

8.5.3 案例分析

本案例主要介绍爆炸效果的制作过程。大致步骤是先打开一幅图片，然后建立新选区并创建图像图层，添加【海洋波纹】滤镜，之后添加【高斯模糊】滤镜和【曝光过度】滤镜，然后添加【极坐标】滤镜和【风】滤镜，以及【旋转画布】的使用，最后是调整【色相/饱和度】和图层操作。

8.5.4 技术实训

(1) 打开如图 8.56 所示的图片。

(2) 选择工具箱中的 ⌐(套索工具)，在打开的图像中框出如图 8.57 所示的选区。

(3) 按 Ctrl+J 组合键，复制选区为【图层 1】，然后按住 Ctrl 键的同时单击【图层 1】，将【图层 1】中的图像选中，再按 Ctrl+Shift+I 组合键进行反选。选区如图 8.58 所示。

图 8.56

图 8.57

图 8.58

(4) 将【前景色/背景色】设置为默认色，按 Ctrl+Del 组合键将【图层 1】填充为白色，再按 Ctrl+D 组合键取消选区。效果如图 8.59 所示。

(5) 单击 滤镜(T) → 扭曲 → 海洋波纹... 命令，弹出【海洋波纹】对话框，具体设置如图 8.60 所示，单击 确定 按钮，即可得到如图 8.61 所示的效果。

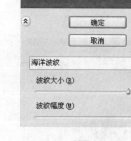
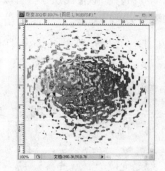

图 8.59　　　　　　　　　　　图 8.60　　　　　　　　　　　图 8.61

(6) 在【图层】面板中，将【图层 1】拖到【图层】面板底部的 (创建新图层)按钮上，复制一个新的【图层 1 副本】图层。

(7) 单击 滤镜(T) → 模糊 → 高斯模糊... 命令，弹出【高斯模糊】对话框，具体设置如图 8.62 所示，单击 确定 按钮，即可得到如图 8.63 所示的效果。

(8) 单击 滤镜(T) → 风格化 → 曝光过度 命令，即可得到如图 8.64 所示的效果。

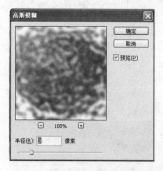
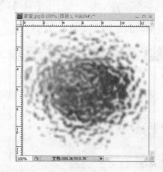
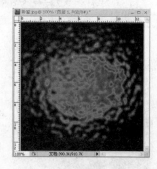

图 8.62　　　　　　　　　　　图 8.63　　　　　　　　　　　图 8.64

(9) 单击 图像(I) → 调整(A) → 曝光度(E)... 命令，弹出【曝光度】对话框，具体设置如图 8.65 所示，单击 确定 按钮，即可得到如图 8.66 所示的效果。

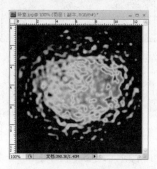

图 8.65　　　　　　　　　　　图 8.66　　　　　　　　　　　图 8.67

(10) 在【图层】面板中，将【图层 1 副本】拖到【图层】底部 □ (创建新图层)按钮上，复制图层为【图层 1 副本 2】图层，并设置颜色的混合模式为"叠加"，【不透明度】为"75%"，【图层】面板如图 8.67 所示，画面效果如图 8.68 所示。

(11) 隐藏【图层 1 副本 2】图层，将【图层 1 副本】设置为当前的编辑图层。单击滤镜(T)→扭曲→极坐标...命令，弹出【极坐标】对话框，具体设置如图 8.69 所示，单击 确定 按钮，即可得到如图 8.70 所示的效果。

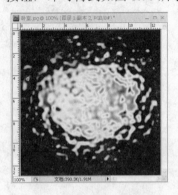

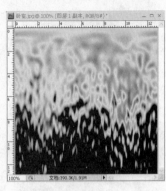

| 图 8.68 | 图 8.69 | 图 8.70 |

(12) 单击图像(I)→图像旋转(G)→90°(逆时针)(0)命令，即可得到如图 8.71 所示的效果。

(13) 单击滤镜(T)→风格化→风...命命令，弹出【风】对话框，具体设置如图 8.72 所示，单击 确定 按钮，即可得到如图 8.73 所示的效果。

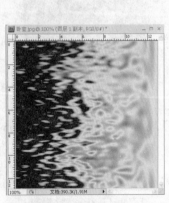

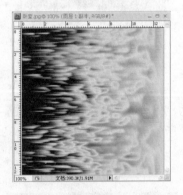

| 图 8.71 | 图 8.72 | 图 8.73 |

(14) 按 Ctrl+F 组合键，即可得到如图 8.74 所示的效果。

(15) 单击图像(I)→图像旋转(G)→90°(逆时针)(0)命令，即可得到如图 8.75 所示的效果。

(16) 单击滤镜(T)→扭曲→极坐标...命令，弹出【极坐标】对话框，具体设置如图 8.76 所示，单击 确定 按钮，即可得到如图 8.77 所示的效果。

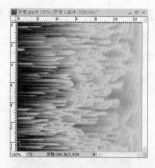

图 8.74

图 8.75

图 8.76

(17) 单击 图像(I) → 调整(A) → 色相/饱和度(H)... 命令，弹出【色相/饱和度】对话框，具体
设置如图 8.78 所示，单击 确定 按钮，即可得到如图 8.79 所示的效果。

图 8.77

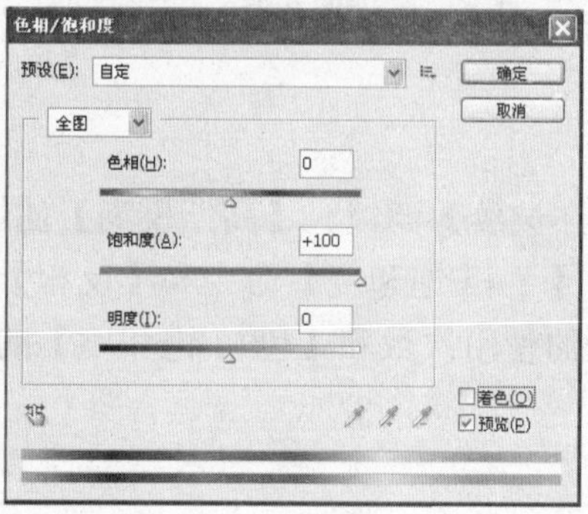

图 8.78

图 8.79

(18) 在【图层】面板中，将【图层 1 副本 2】设置为当前的编辑图层，按 Ctrl+E 组合键，
将该图层与【图层 1 副本】合并为一个图层，【图层】面板如图 8.80 所示，图像效果如
图 8.81 所示。

(19) 选择 (魔棒工具)，在画面黑色的地方单击，即可得到选区，单击 选择(S) → 修改(M) →
羽化(F)... 命令，弹出【羽化选区】对话框，将【羽化半径】值设为 "20"，如图 8.82 所示。
单击 确定 按钮，即可得到如图 8.83 所示的效果。

图 8.80

图 8.81

图 8.82

图 8.83

(20) 将【图层 1】删除，并用 (模糊工具)对【图层 1 副本】图层中图像过度尖锐的部分进行涂抹，即可得到如图 8.84 所示的效果。【图层】面板如图 8.85 所示。

(21) 将该文件另存储为"爆炸效果.PSD"文件。最终效果如图 8.86 所示。

图 8.84

图 8.85

图 8.86

8.5.5　案例小结

本案例主要讲解了【海洋波纹】滤镜、【高斯模糊】滤镜、【极坐标】滤镜、【风】滤镜、【曝光过度】滤镜、【色相/饱和度】命令和【反相】命令的使用。用户在制作过程中一定要注意【风】滤镜的使用次数和【色相/饱和度】的调整，将直接影响图像的最终效果。

8.5.6　举一反三

打开图 8.87 左图所示的图片，根据前面所学知识，制作出图 8.87 右图所示的效果。

图 8.87

8.6　天体爆炸效果

8.6.1　案例效果

本案例的效果图如图 8.88 所示。

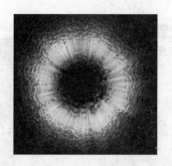

图 8.88

8.6.2　案例目的

通过该案例的学习，使读者熟练掌握【挤压】滤镜、【描边】命令、【海洋波纹】滤镜、【径向模糊】滤镜、图层"混合"模式的使用。

8.6.3　案例分析

本案例主要介绍天体爆炸效果的制作过程。大致步骤是首先新建文件和白色圆环，然后添加【海洋波纹】滤镜和【径向模糊】滤镜，之后设置图层的混合模式，最后进行渐变填充，并添加【挤压】滤镜。

8.6.4　技术实训

（1）单击 文件(F) → 新建(N)... 命令，弹出【新建】对话框，具体设置如图 8.89 所示，单击 确定 按钮，即可新建一个文件。

（2）将【前景色/背景色】设置为默认颜色，并按 Alt+Del 组合键，将背景填充为黑色。

（3）在工具箱中选择 ◯(椭圆选框工具)，按 Alt+Shift 组合键的同时，从画面的中心开始画圆，画面如图 8.90 所示。

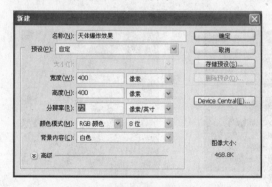

图 8.89

图 8.90

（4）单击 编辑(E) → 描边(S)... 命令，弹出【描边】对话框，具体设置如图 8.91 所示，单击 确定 按钮，按 Ctrl+D 组合键取消选区，图像效果如图 8.92 所示。

图 8.91

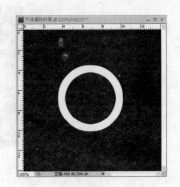

图 8.92

(5) 单击 滤镜(T)→扭曲→海洋波纹...命令，弹出【海洋波纹】对话框，具体设置如图 8.93 所示，单击 确定 按钮，即可得到如图 8.94 所示的效果。

图 8.93

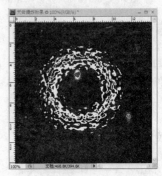

图 8.94

(6) 单击 滤镜(T)→模糊→径向模糊...命令，弹出【径向模糊】对话框，具体设置如图 8.95 所示，单击 确定 按钮，即可得到如图 8.96 所示的效果，再按 Ctrl+F 组合键，图像效果如图 8.97 所示。

图 8.95

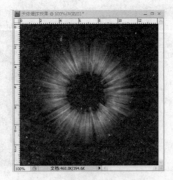

图 8.96

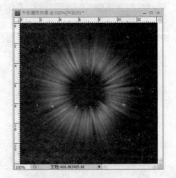

图 8.97

(7) 按 Ctrl+J 组合键，复制一个【图层 1 副本】图层，然后单击 滤镜(T)→扭曲→海洋波纹... 命令，弹出【海洋波纹】对话框，具体设置如图 8.98 所示，单击 确定 按钮，即可得到如图 8.99 所示的效果。

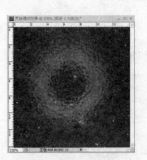

图 8.98   图 8.99

(8) 按 Ctrl+J 组合键，复制一个【图层 1 副本 2】图层，单击 滤镜(T) → 模糊 → 径向模糊... 命令，弹出【径向模糊】对话框，具体设置如图 8.100 所示，单击 确定 按钮，即可得到如图 8.101 所示的效果。

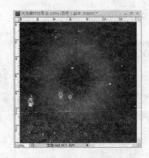

图 8.100   图 8.101

(9) 将【图层 1 副本 2】图层的"混合"模式设置为"颜色减淡"，【图层 1 副本】图层的混合模式设置为"变亮"。【图层】面板分别如图 8.102 和图 8.103 所示。图像效果如图 8.104 所示。

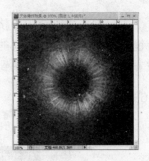

图 8.102   图 8.103   图 8.104

(10) 新建立一个空白图层，并移动到【图层】面板的顶层，设置混合模式为"叠加"。【图层】面板如图 8.105 所示。

(11) 设置前景色为"红色"，背景色为"橙色"。选择工具箱中的 (渐变工具)，属性选项栏的设置如图 8.106 所示。从画面中心，按住鼠标左键往外拖动，即可得到如图 8.107 所示的效果。

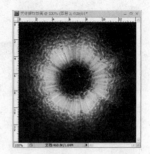

图 8.105　　　　　　　　图 8.106　　　　　　　　图 8.107

(12) 单击 图层(L)→合并可见图层 命令，即可将所有可见图层合并。【图层】面板如图 8.108 所示。

(13) 单击 滤镜(T)→扭曲→挤压... 命令，弹出【挤压】对话框，具体设置如图 8.109 所示，单击 确定 按钮，即可得到如图 8.110 所示的效果。

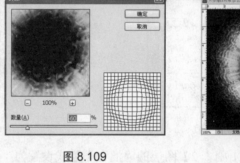

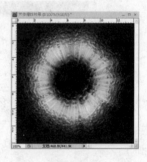

图 8.108　　　　　　　　图 8.109　　　　　　　　图 8.110

8.6.5　案例小结

本案例主要讲解了【挤压】滤镜、【描边】命令、【海洋波纹】滤镜、【径向模糊】滤镜、图层【混合】模式的使用。用户在制作过程中一定要注意【海洋波纹】滤镜参数的设置，它的参数直接关系到最终的效果，其中渐变填充的颜色是决定最终效果的颜色。

8.6.6　举一反三

根据前面所学知识，制作出如图 8.111 所示的效果。

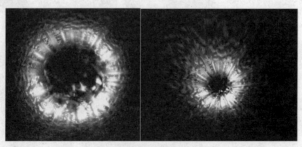

图 8.111

8.7　炫目的光效果

8.7.1　案例效果

本案例的效果图如图 8.112 所示。

图 8.112

8.7.2　案例目的

通过该案例的学习，使读者熟练掌握【极坐标】滤镜、【径向模糊】滤镜、【镜头光晕】滤镜和【图层合并】命令的使用。

8.7.3　案例分析

本案例主要介绍炫目的光效果的制作过程。大致步骤是首先新建文件、使用椭圆工具和【极坐标】滤镜制作多条环形，然后使用椭圆工具和【径向模糊】滤镜制作多条环形发散效果，最后使用【镜头光晕】滤镜制作光晕效果。

8.7.4　技术实训

(1) 按 Ctrl+N 组合键创建新文件，设定新文件名称为"炫目的光效果"，宽度和高度均为 400 像素，分辨率为 72 像素/英寸，颜色模式为 RGB 颜色，背景色为白色。

(2) 将【前景色/背景色】设置为默认色，按 Alt+Del 组合键，将【图层 1】图层填充为黑色。单击【图层】面板底部的▣(创建新图层)按钮，创建一个新的【图层 2】图层。选择工具箱中的◯(椭圆选框工具)，属性选项栏的设置如图 8.113 所示。在【图层 2】图层中绘制如图 8.114 所示的椭圆。

(3) 按 Ctrl+Del 组合键填充选区，然后按 Ctrl+D 组合键取消选区。图像效果如图 8.115 所示。

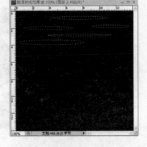

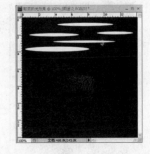

图 8.113　　　　　　　图 8.114　　　　　　　图 8.115

(4) 单击 滤镜(T) → 扭曲 → 极坐标... 命令，弹出【极坐标】对话框，具体设置如图 8.116 所示，单击 确定 按钮，即可得到如图 8.117 所示的效果。

(5) 按 Ctrl+J 组合键，复制【图层 2 副本】图层，并利用变形工具对图像进行旋转和变形，效果如图 8.118 所示。

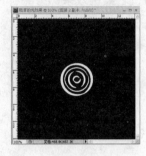

图 8.116　　　　　　　　　图 8.117　　　　　　　　　图 8.118

(6) 单击【图层】面板底部的 ▣ (创建新图层)按钮，创建一个【图层 3】图层，【图层】面板如图 8.119 所示。

(7) 利用 ◯ (椭圆选框工具)，按照前面的设置方法，在画面中绘制如图 8.120 所示的椭圆。

(8) 按 Ctrl+Del 组合键填充选区，然后按 Ctrl+D 组合键取消选区。图像效果如图 8.121 所示。

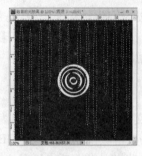

图 8.119　　　　　　　　　图 8.120　　　　　　　　　图 8.121

(9) 单击 滤镜(T) → 扭曲 → 极坐标... 命令，弹出【极坐标】对话框，具体设置如图 8.122 所示，单击 确定 按钮，即可得到如图 8.123 所示的效果。

(10) 按 Ctrl+J 组合键，复制【图层 3 副本】图层，并利用变形工具对图像进行旋转和变形。效果如图 8.124 所示。

图 8.122　　　　　　　　　图 8.123　　　　　　　　　图 8.124

(11) 将【图层 3 副本】图层与【图层 3】图层合并，【图层 2 副本】图层与【图层 2】图层合并。【图层】面板如图 8.125 所示。

(12) 单击 滤镜(T) → 模糊 → 径向模糊... 命令，弹出【径向模糊】对话框，具体设置如图 8.126 所示，单击 确定 按钮，即可得到如图 8.127 所示的效果。

图 8.125

图 8.126

图 8.127

(13) 单击【图层 3】图层，将该图层设置为当前图层。单击 滤镜(T) → 模糊 → 径向模糊... 命令，弹出【径向模糊】对话框，具体设置如图 8.128 所示，单击 确定 按钮，即可得到如图 8.129 所示的效果。

(14) 按 Ctrl+E 组合键合并图层，【图层】面板如图 8.130 所示。

图 8.128

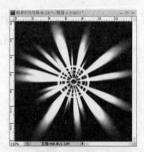

图 8.129

图 8.130

(15) 单击 编辑(E) → 变换(A) → 扭曲(D) 命令，利用鼠标对图像进行变形，如图 8.131 所示，单击 ✔ 按钮，即可得到如图 8.132 所示的效果。

(16) 按 Ctrl+E 组合键合并图层，【图层】面板如图 8.133 所示。

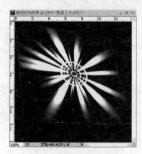

图 8.131

图 8.132

图 8.133

(17) 单击 滤镜(T) → 渲染 → 镜头光晕... 命令，弹出【镜头光晕】对话框，具体设置如图 8.134 所示，单击 确定 按钮，即可得到如图 8.135 所示的效果。

(18) 单击 编辑(E) → 变换(A) → 水平翻转(H) 命令，即可得到如图 8.136 所示的效果。

图 8.134

图 8.135

图 8.136

8.7.5 案例小结

本案例主要讲解了【极坐标】滤镜、【径向模糊】滤镜、【镜头光晕】滤镜和【图层合并】命令的使用。用户在制作过程中一定要注意框选椭圆的大小、扁细程度和椭圆与椭圆之间的距离，这是制作该效果的关键。

8.7.6 举一反三

根据前面所学知识，制作出如图 8.137 所示的效果。

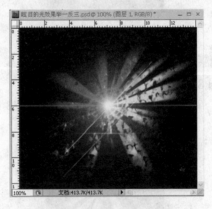

图 8.137

8.8　导　航　按　钮

8.8.1　案例效果

本案例的效果图如图 8.138 所示。

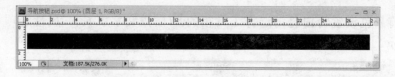

| 首页 | 印象动画学院简介 | 印象图书 | 印象培训中心 | 免费教学视频 | 印象论坛 | 学员作品 |

图 8.138

8.8.2　案例目的

通过该案例的学习，使读者熟练掌握【矩形工具】、【图层样式】、【横排文字工具】、【移动工具】、"混合"模式、【直线工具】和【色相/饱和度】命令的使用。

8.8.3　案例分析

本案例主要介绍导航按钮的制作过程。大致步骤是先新建文件、使用矩形工具绘制矩形并添加【图层样式】，然后使用直线工具和文字工具绘制直线和输入需要的文字，最后给文字添加【图层样式】，并设置直线的图层混合模式。

8.8.4　技术实训

(1) 按 Ctrl+N 组合键创建新文件，设定新文件名称为"导航按钮"，宽度 800 像素，高度为 80 像素，分辨率为 72 像素/英寸，颜色模式为 RGB 颜色，背景色为白色。

(2) 单击【图层】面板底部的 (创建新图层)按钮，创建一个新的【图层 1】图层。【图层】面板如图 8.139 所示。将前景色设置为黑色，在工具箱中选择 (矩形工具)，属性选项栏的设置如图 8.140 所示。在画面中绘制如图 8.141 所示的矩形。

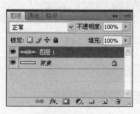

图 8.139

图 8.140

图 8.141

(3) 双击【图层 1】图层, 弹出【图层样式】对话框, 具体设置如图 8.142 和图 8.143 所示, 单击 确定 按钮, 即可得到如图 8.144 所示的效果。

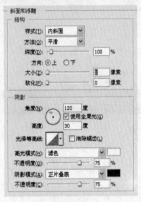

图 8.142   图 8.143

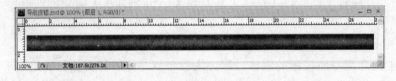

图 8.144

(4) 将前景色设置为 R: 136、G: 136、B: 136, 单击【图层】面板底部的 (创建新图层)按钮, 创建一个新的【图层 2】图层。【图层】面板如图 8.145 所示。

(5) 选择工具箱中的 (直线工具), 属性选项栏的设置如图 8.146 所示。在画面中绘制两条直线, 如图 8.147 所示。

图 8.145   图 8.146

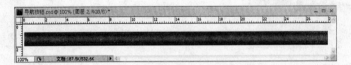

图 8.147

(6) 将前景色设置为白色, 选择工具箱的 T(横排文字工具), 属性选项栏的设置如图 8.148 所示。在画面中输入如图 8.149 所示的文字。

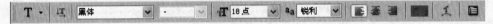

图 8.148

图 8.149

(7) 双击【文字】图层,弹出【图层样式】对话框,具体设置如图 8.150 所示,单击 确定 按钮,即可得到如图 8.151 所示的效果。

图 8.150　　　　　　　　　　　　　　　　　　　　图 8.151

(8) 将前景色设置为黑色,单击【图层】面板中的 (创建新图层)按钮,创建一个新的【图层 3】图层。【图层】面板如图 8.152 所示。

(9) 选择工具箱中的 (直线工具),属性选项栏的设置如图 8.153 所示。在画面中绘制一条直线,如图 8.154 所示。

图 8.152　　　　　　　　　　　　　　　　　　　　图 8.153

图 8.154

(10) 将前景色设置为白色,按 Ctrl+J 组合键复制【图层 3】图层为【图层 3 副本】图层,【图层】面板如图 8.155 所示,单击 (锁定透明像素)按钮,按 Alt+Del 组合键填充前景色。选择工具箱中的 (移动工具),按键盘上的→键,即可得到如图 8.156 所示的图像效果。

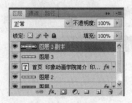

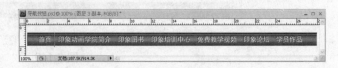

图 8.155   图 8.156

(11) 按 Ctrl+E 组合键,将【图层 3 副本】图层与【图层 3】图层合并为一个图层,合并后的图层名称为"图层 3"。设置【图层 3】图层的混合模式为"叠加",【图层】面板如图 8.157 所示。图像效果如图 8.158 所示。

图 8.157   图 8.158

(12) 按住 Alt+Shift 组合键,在画面中按住鼠标左键的同时往右边拖出一条直线,到适当的位置松开鼠标,即可得到如图 8.159 所示的效果。用同样的方法,再拖出几条直线。图像效果如图 8.160 所示。

图 8.159

图 8.160

(13) 此时的【图层】面板如图 8.161 所示。连续按 Ctrl+E 组合键 5 次,即可合并直线图层,【图层】面板如图 8.162 所示。

图 8.161   图 8.162

(14) 单击【图层】面板底部的 (创建新的填充或调整图层)按钮，在弹出的下拉列表中单击 色相/饱和度... 命令，弹出【色相/饱和度】对话框，具体设置如图 8.163 所示，最终效果如图 8.164 所示。

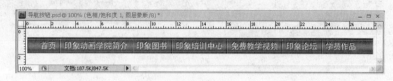

图 8.163   图 8.164

8.8.5 案例小结

本案例主要讲解了(矩形工具)、【图层样式】、(横排文字工具)、(移动工具)、"混合"模式、 (直线工具)和【色相/饱和度】命令的使用。用户在制作过程中一定要注意【图层样式】对话框的【颜色叠加】中【渐变】选项栏的设置。

它的 3 个色标值的颜色分别为 R：33、G：33、B：33，R：134、G：134、B：134，R：47、G：47、B：47。用户也可以根据需要设置其他的颜色。

8.8.6 举一反三

根据前面所学知识，制作出如图 8.165 所示的效果。

图 8.165

第**9**章 综 合 案 例

知识点：

案例一：绘制中国美女
案例二：制作邮票效果
案例三：制作播放器
案例四：制作酒瓶效果

说明：

本章主要通过 4 个例子，讲解综合使用 Photoshop CS4 各种命令和工具的使用方法与技巧以及新增的 3D 功能。

教学建议课时数：

一般情况下需 8 课时，其中理论 3 课时、实际操作 5 课时(根据特殊情况可做相应调整)。

9.1　绘制中国美女

9.1.1　案例效果

本案例的效果图如图 9.1 所示。

图 9.1

9.1.2　案例目的

通过该案例的学习，使读者熟练掌握 ✏【画笔工具】、🖐【加深工具】、🔍【减淡工具】的使用。

9.1.3　案例分析

本案例主要介绍绘制中国美女的方法。大致步骤是首先绘制中国美女的大致轮廓，然后给绘制的轮廓上色，之后使用 🖐【加深工具】和 🔍【减淡工具】制作明暗对比，最后添加装饰图片。

9.1.4　技术实训

(1) 按 Ctrl+N 组合键创建新文件，设定新文件名称为"绘制中国美女"，宽度为 300 像素，高度为 413 像素，分辨率为 72 像素/英寸，颜色模式为 RGB 颜色，背景色为背景色。

(2) 将前景色设置为黑色，单击【图层】面板底部的 🔲(创建新图层)按钮，创建一个新的空白【图层 1】图层。

(3) 选择工具箱中的 ✏(画笔工具)，✏(画笔工具)属性选项栏的设置如图 9.2 所示。

图 9.2

(4) 在画面中绘制如图 9.3 所示的图像。

(5) 单击【图层】面板底部的 🔳(创建新图层)按钮，创建一个新的【图层 2】图层，并将其调整到【图层 1】图层的下方。这时的【图层 1】面板如图 9.4 所示。

图 9.3   图 9.4

(6) 将前景色设置为 R：248、G：191、B：190。选择工具箱中的 ✎(画笔工具)，✎(画笔工具)属性选项栏的设置如图 9.5 所示。

图 9.5

(7) 在画面中涂抹，涂抹后的效果如图 9.6 所示。选择工具箱中的 ◣(减淡工具)，◣(减淡工具)属性选项栏的设置如图 9.7 所示。

图 9.6   图 9.7

(8) 假设光是从左上角照射下来的。在画面中光线照射的地方进行涂抹，效果如图 9.8 所示。

(9) 将前景色设置为 R：191、G：27、B：48。选择工具箱中的 ✎(画笔工具)，✎(画笔工具)属性选项栏的设置如图 9.9 所示。

图 9.8   图 9.9

(10) 在画面中涂抹，涂抹后的效果如图 9.10 所示。

(11) 选择(加深工具)，(加深工具)属性选项的设置如图 9.11 所示。

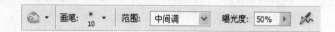

图 9.10   图 9.11

(12) 在光线照射不到的地方涂抹，图像效果如图 9.12 所示。

(13) 选择工具箱中的(画笔工具)，(画笔工具)属性选项栏的设置如图 9.13 所示。

图 9.12   图 9.13

(14) 在画面中涂抹，涂抹后的图像效果如图 9.14 所示。

(15) 将前景色设置为黑色，选择工具箱中的 ✐ (画笔工具)，✐ (画笔工具)属性选项栏的设置采用默认值。在画面中涂抹，得到美女的头发，如图 9.15 所示。

(16) 将前景色设置为 R：219、G：131、B：58。选择工具箱中的 ✐ (画笔工具)，✐ (画笔工具)属性选项栏的设置采用默认值，对图像进行涂抹，图像效果如图 9.16 所示。

图 9.14   图 9.15   图 9.16

(17) 将图 9.17 所示的修饰图像拖到"绘制中国美女.PSD"文件中，然后进行位置、大小的调整，最终效果如图 9.18 所示。

图 9.17   图 9.18

9.1.5　案例小结

本案例主要讲解了 ✐【画笔工具】、◔【加深工具】、◣【减淡工具】的使用。此案例比较简单，主要锻炼用户的基本功和给图像上色的方法。

9.1.6　举一反三

根据本节所学知识，制作出如图 9.19 所示的效果。

图 9.19

提示：该图像制作的大致流程如图 9.20 所示。

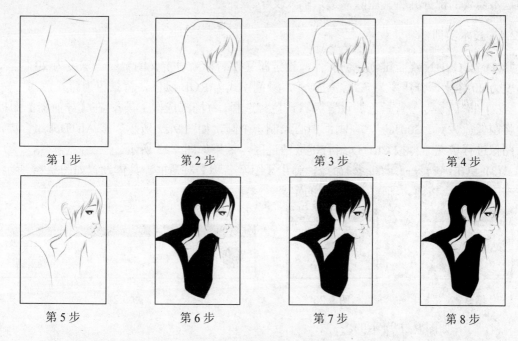

第 1 步　　　　　第 2 步　　　　　第 3 步　　　　　第 4 步

第 5 步　　　　　第 6 步　　　　　第 7 步　　　　　第 8 步

图 9.20

9.2　制作邮票效果

9.2.1　案例效果

本案例的效果图如图 9.21 所示。

图 9.21

9.2.2 案例目的

通过该案例的学习，使读者熟练掌握【定义图案】命令、【填充】命令、[]【矩形选框工具】、文字工具、[]【裁剪工具】的使用。

9.2.3 案例分析

本案例主要介绍邮票效果的制作过程。大致步骤是首先定义图案，然后打开制作邮票的图片素材，之后创建新图层，并使用定义的图案进行填充，之后使用[]【矩形选框工具】框选不需要的部分并将其删除，最后输入文字。

9.2.4 技术实训

(1) 按 Ctrl+N 组合键创建新文件，设定新文件名称为"定义图案"，宽度为 20 像素，高度为 20 像素，分辨率为 72 像素/英寸，颜色模式为 RGB 颜色，背景色为背景色。

(2) 将【前景色/背景色】设置为默认色。选择 ○(椭圆选框工具)，在【导航器】面板中将图像放大到"300%"，在画面中心绘制一个圆，如图 9.22 所示。按 Alt+Del 组合键，对图像进行填充，再按 Ctrl+D 组合键取消选区，效果如图 9.23 所示。

(3) 单击 编辑(E) → 定义图案... 命令，弹出【图案名称】对话框，具体设置如图 9.24 所示，单击 确定 按钮，即可完成图案的定义。

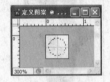

图 9.22

图 9.23

图 9.24

(4) 打开如图 9.25 所示的图片。

(5) 单击【图层】面板底部的 [](创建新图层)按钮。创建一个新的【图层 1】图层，【图层】面板如图 9.26 所示。

(6) 单击 编辑(E) → 填充(L)... 命令，弹出【填充】对话框，具体设置如图 9.27 所示，单击 确定 按钮，即可得到如图 9.28 所示的填充效果。

图 9.25

图 9.26

图 9.27

图 9.28

(7) 选择 [](矩形选框工具)，[](矩形选框工具)属性选项栏的设置为默认值。在画面中框选出如图 9.29 所示的选区，然后按 Del 键删除选区内容，再按 Ctrl+D 组合键取消选区，即可得到如图 9.30 所示的效果。

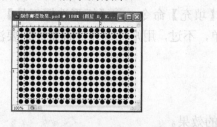

图 9.29   图 9.30

(8) 选择 ▣(矩形选框工具)，▣(矩形选框工具)属性选项栏的设置如图 9.31 所示。在画面中框选出如图 9.32 所示的选区，然后按 Shift+Ctrl+D 组合键，对选区进行反选，将背景色设置为黑色，按 Ctrl+Del 组合键填充背景色，再按 Ctrl+D 组合键，即可得到如图 9.33 所示的效果。

图 9.31   图 9.32   图 9.33

(9) 选择 T(横排文字工具)，T(横排文字工具)属性选项栏的设置如图 9.34 所示。

图 9.34

(10) 在画面中输入"中国邮政"4 个字，单击 T(横排文字工具)属性选项栏的 ✔ 按钮，即可得到如图 9.35 所示的效果。在画面右上角输入"80 分"3 个字，并对其进行字体及大小调整，最终效果如图 9.36 所示。

(11) 选择 ⌐(裁剪工具)，对其进行裁剪，并另存为"制作邮票效果.PSD"文件，图像效果如图 9.37 所示。

图 9.35   图 9.36   图 9.37

9.2.5 案例小结

本案例主要讲解了【定义图案】命令、【填充】命令、 ▦【矩形选框工具】、文字工具、 ✄【裁剪工具】的使用。此案例比较简单，不过，用户在制作过程中一定要注意 ▦(矩形选框工具)属性选项的设置。

9.2.6 举一反三

根据前面所学知识，制作如图 9.38 所示的效果。

图 9.38

9.3 制作播放器

9.3.1 案例效果

本案例的效果图如图 9.39 所示。

图 9.39

9.3.2 案例目的

通过该案例的学习，使读者熟练掌握【图层样式】命令、 ▢【圆角矩形工具】、文字工具、【描边工具】的使用。

9.3.3 案例分析

本案例主要介绍播放器的制作。大致步骤是首先新建文件、设置参考线，然后使 ▢【圆角矩形工具】和【直线工具】绘制图形，之后给绘制的图形添加"图层样式"，最后是输入文字。

9.3.4 技术实训

(1) 按 Ctrl+N 组合键创建新文件，设定新文件名称为"制作播放器"，宽度为 500 像素，高度为 300 像素，分辨率为 72 像素/英寸，颜色模式为 RGB 模式，背景色为白色。

(2) 在画面中用鼠标拖出两条参考线，如图 9.40 所示。

(3) 将前景色设置为淡蓝色，在工具箱中选择 ◯(椭圆选框工具)，◯(椭圆选框工具)属性面板栏为默认设置。单击【图层】面板底部的 ◻(创建新图层)按钮，即可创建一个新的【图层 1】图层，然后在画面中以两条参考线的交点为圆心绘制一个圆形的选区(也可按 Shift+Ctrl 组合键，并拖动鼠标进行操作)，如图 9.41 所示的图像效果。再按 Alt+Del 组合键填充选区，按 Ctrl+D 组合键取消选区，即可得到如图 9.42 所示的图像效果。

 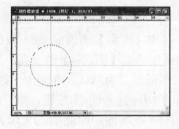 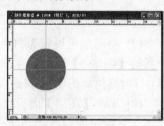

图 9.40　　　　　　　图 9.41　　　　　　　图 9.42

(4) 将前景色设置为灰色，单击【图层】面板底部的 ◻(创建新图层)按钮，即可创建一个新的【图层 2】图层，利用 ◯(椭圆选框工具)，在画面中绘制如图 9.43 所示的圆，按 Alt+Del 组合键填充选区，按 Ctrl+D 组合键取消选区，即可得到如图 9.44 所示的图像效果。

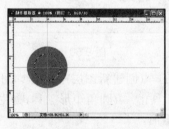 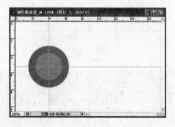

图 9.43　　　　　　　　　　　图 9.44

(5) 将前景色设置为黄色，单击【图层】面板底部的 ◻(创建新图层)按钮，创建一个新的【图层 3】图层，利用 ◯(椭圆选框工具)在画面中绘制如图 9.45 所示的圆，按 Alt+Del 组合键填充选区，按 Ctrl+D 组合键取消选区，即可得到如图 9.46 所示的图像效果。

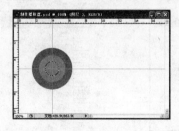 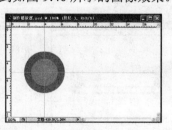

图 9.45　　　　　　　　　　　图 9.46

(6) 将前景色设置为粉红色，单击【图层】面板底部的 ◻(创建新图层)按钮，即可创建一个新的【图层 4】图层，并将该图层移到【图层 3】的下面，选择工具箱中的 ◻(圆角矩形工具)，◻(圆角矩形工具)属性选项栏的设置如图 9.47 所示。在画面中绘制如图 9.48 所示的圆角矩形。

图 9.47   图 9.48

(7) 将前景色设置为白色，单击【图层】面板底部的 ◻(创建新图层)按钮，即可创建一个新的【图层 5】图层，并将该图层移到【图层 4】的上面，选择工具箱中的 ◻(圆角矩形工具)，◻(圆角矩形工具)属性选项栏的设置为默认。在画面中绘制如图 9.49 所示的圆角矩形。

(8) 单击【图层】面板底部的 ◻(创建新图层)按钮，即可创建一个新的【图层 6】图层，选择工具箱中的 ◻(圆角矩形工具)，在画面中绘制如图 9.50 所示的圆角矩形。

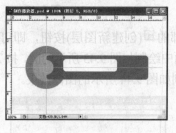

图 9.49   图 9.50

(9) 将前景色设置为灰色，单击【图层】面板底部的 ◻(创建新图层)按钮，即可创建一个新的【图层 7】图层，选择工具箱中的 ◻(圆角矩形工具)，◻(圆角矩形工具)属性选项栏的设置为默认值，在画面中绘制如图 9.51 所示的圆角矩形。

(10) 将前景色设置为红色，单击【图层】面板底部的 ◻(创建新图层)按钮，即可创建一个新的【图层 8】图层，利用 ◿(多边形套索工具)和 Alt+Del 组合键，在【图层 8】图层中制作如图 9.52 所示的图形，【图层】面板如图 9.53 所示。

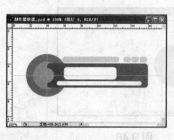

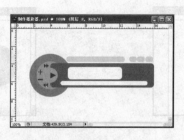

图 9.51   图 9.52   图 9.53

(11) 双击【图层 1】图标，弹出【图层样式】对话框，具体设置如图 9.54 所示，单击 确定 按钮，即可得到如图 9.55 所示的效果。

图 9.54　　　　　　　　　　　　　　　　　　图 9.55

(12) 双击【图层 2】图标，弹出【图层样式】对话框，具体设置如图 9.56 所示，单击 确定 按钮，即可得到如图 9.57 所示的效果。

图 9.56　　　　　　　　　　　　　　　　　　图 9.57

(13) 双击【图层 4】图标，弹出【图层样式】对话框，具体设置如图 9.58 所示，单击 确定 按钮，即可得到如图 9.59 所示的效果。

图 9.58　　　　　　　　　　　　　　　　　　图 9.59

(14) 双击【图层 3】图标，弹出【图层样式】对话框，具体设置如图 9.60 所示，单击 确定 按钮，即可得到如图 9.61 所示的效果。

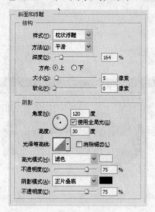

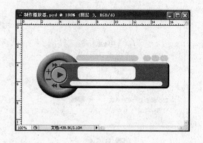

图 9.60　　　　　　　　　　　　　　　　　图 9.61

(15) 双击【图层 5】图标，弹出【图层样式】对话框，具体设置如图 9.62 所示，单击 确定 按钮，即可得到如图 9.63 所示的效果。

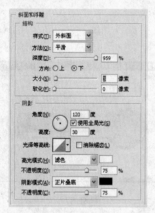

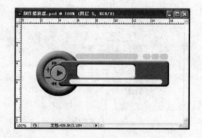

图 9.62　　　　　　　　　　　　　　　　　图 9.63

(16) 双击【图层 6】图标，弹出【图层样式】对话框，具体设置如图 9.64 所示，单击 确定 按钮，即可得到如图 9.65 所示的效果。

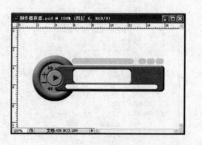

图 9.64　　　　　　　　　　　　　　　　　图 9.65

(17) 双击【图层 7】图标，弹出【图层样式】对话框，具体设置如图 9.66 和图 9.67 所示，单击 确定 按钮，即可得到如图 9.68 所示的效果。

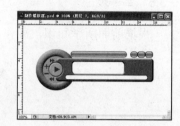

| 图 9.66 | 图 9.67 | 图 9.68 |

(18) 选择 T(横排文字工具)，输入文字，效果如图 9.69 所示。

(19) 双击【图层 8】图标，弹出【图层样式】对话框，具体设置如图 9.70 和图 9.71 所示，单击 确定 按钮，即可得到如图 9.72 所示的效果。

(20) 选择 ▲(裁剪工具)，对图像多余的部分进行裁剪，最终效果如图 9.73 所示。

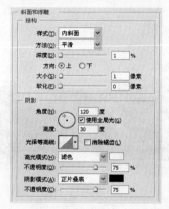

| 图 9.69 | 图 9.70 | 图 9.71 |

| 图 9.72 | 图 9.73 |

9.3.5 案例小结

本案例主要讲解了【图层样式】对话框、【圆角矩形工具】、【描边工具】的使用。本案例的制作是一个综合性的设计过程，虽然涉及的知识点不多，但是用户在设计过程要特别注意各个对象在图像中的位置关系和颜色的搭配，不同的颜色搭配会有不同的效果。

9.3.6 举一反三

根据前面所学知识，制作如图 9.74 所示的效果。

图 9.74

9.4 制作酒瓶效果

9.4.1 案例效果

本案例的效果图如图 9.75 所示。

图 9.75

9.4.2 案例目的

通过该案例的学习，使读者熟练掌握 3D 图形的创建，3D 图层中对象的纹理、灯光以及其他相关参数的设置。

9.4.3 案例分析

本案例主要介绍酒瓶效果的制作。大致步骤是首先创建酒瓶模型，然后给酒瓶添加漫射效果，之后给酒瓶添加凹凸强度，再设置木塞和玻璃的纹理，然后设置灯光参数，添加背景，最后添加文字，输出最终效果。

9.4.4 技术实训

1. 创建酒瓶模型

(1) 按 Ctrl+N 组合键创建新文件，设定新文件名称为"酒瓶"，宽度为 500 像素，高度为 300 像素，分辨率为 72 像素/英寸，颜色模式为 RGB 模式，背景色为白色。

(2) 在菜单栏中单击 3D(D) → 从图层新建形状(S) → 酒瓶 命令，即可创建一个如图 9.76 所示的效果。

图 9.76

(3) 从图 9.76 可以看出，酒瓶分三个部分组成(木塞、标签和玻璃)。

2. 给酒瓶添加漫射效果

(1) 在【3D{材料}】面板中单击 标签材料 项，如图 9.77 所示。

(2) 给"标签材料"设置漫反射效果。在【3D{材料}】面板中单击 漫射: 右边的 (编辑漫射纹理)按钮，在弹出的下拉列表中单击 载入纹理... 命令，弹出【打开】对话框，选择需要载入的纹理图片，如图 9.78 所示。

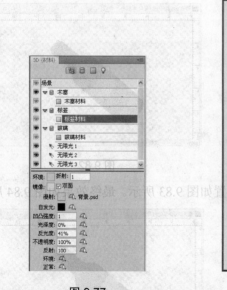

图 9.77

图 9.78

(3) 单击 打开(0) 按钮，即可得到如图 9.79 所示的效果。

(4) 在工具箱中单击 (3D 旋转工具)，对酒瓶进行旋转，最终效果如图 9.80 所示。

图 9.79

图 9.80

3. 给酒瓶添加凹凸强度

(1) 在【3D{材料}】面板中单击凹凸强度:右边的 (编辑凹凸纹理)按钮，在弹出的下拉列表中单击 载入纹理... 命令，弹出【打开】对话框，选择需要载入的纹理图片，如图 9.81 所示。

(2) 单击 打开(O) 按钮，并设置【凹凸强度】为 10，最终效果如图 9.82 所示。

图 9.81

图 9.82

(3) 设置"标签材料"的其他参数，具体设置如图 9.83 所示。最终效果如图 9.84 所示。

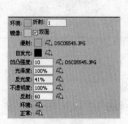

图 9.83

图 9.84

4. 设置木塞和玻璃的纹理

木塞和玻璃纹理的设置与标签材料纹理的设置方法基本相同，在这里就不再详细介绍。木塞和玻璃的具体参数设置如图 9.85 和图 9.86 所示，最终效果如图 9.87 所示。

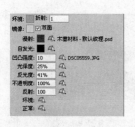

图 9.85   图 9.86   图 9.87

5. 设置灯光参数

(1) 在【3D{材料}】面板中单击 无限光 1 项，具体参数设置如图 9.88 所示。最终效果如图 9.89 所示。

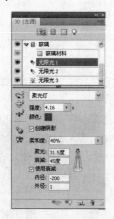

图 9.88   图 9.89

(2) 在【3D{材料}】面板中单击 无限光 2 项，具体参数设置如图 9.90 所示。最终效果如图 9.91 所示。

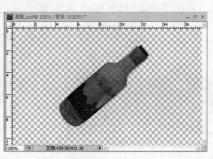

图 9.90   图 9.91

(3) 在【3D{材料}】面板中单击 ※ 无限光 2 项，具体参数设置如图 9.92 所示。最终效果如图 9.93 所示。

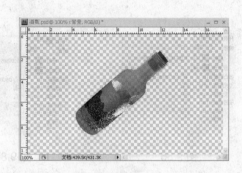

图 9.92　　　　　　　　　　　　　　　　　图 9.93

6. 添加背景

(1) 切换到【图层】面板。打开如图 9.94 所示的背景图片。

(2) 使用 ↖⊕(移动工具)，将打开的图片拖 "酒瓶.PSD" 文件中，调整好图层位置，【图层】面板和最终效果如图 9.95 和图 9.96 所示。

图 9.94　　　　　　　　　　图 9.95　　　　　　　　　　图 9.96

7. 添加文字、输出最终效果

(1) 在工具箱中单击 T(横排文字工具)，在画面中输入如图 9.97 所示的文字。

(2) 在【样式】面板中单击 ▣(彩虹)按钮，如图 9.98 所示，最终效果如图 9.99 所示。

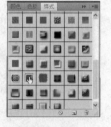

图 9.97　　　　　　　　　　图 9.98　　　　　　　　　　图 9.99

(3) 输出最终效果。在【图层】面板中的  图层上单击右键，弹出快捷菜单，在快捷菜单中单击 为最终输出渲染 命令。最终效果如图 9.100 所示。

图 9.100

9.4.5　案例小结

本案例主要讲解了 3D 图形的创建，3D 图层中对象的纹理、灯光以及其他相关参数的设置。本案例的制作是对 Photoshop CS4 新增 3D 功能的一个全面介绍，读者通过该案例的学习能够举一反三制作出不同的三维对象效果。该案例要重点掌握 3D 图层中对象的纹理、灯光以及其他相关参数的设置。

9.4.6　举一反三

根据前面所学知识，制作出如图 9.101 所示的效果。

图 9.101

参 考 文 献

[1] 前程文化. Photoshop CS 广告与包装白金案例. 上海：浦东电子出版社，2004.

[2] 诸海波. Photoshop CS2 电脑绘画技法与笔刷应用. 北京：人民邮电出版社，2006.

[3] 王建锋，张新勇，吕尤. Photoshop 电脑美术绘画教程. 北京：科学出版社，2005.

[4] 陈洪彬，王占锋. Photoshop 图像艺术精典制作. 西安：电子科技大学出版社，2006

[5] [美]Scott Kelby 著. Photoshop CS2 数码照片专业处理技法. 袁鹏飞译. 北京：人民邮电出版社，2004.

[6] 本书编委会. Photoshop 6.0/7.0 精彩制作 150 例. 西安：西北工业大学出版社，2002.